U0499114

技术丛书

应用系列

Revit

Autodesk Revit 族详解

柏慕进业

黄亚斌 徐钦 主编

杨容 肖湘 孙欣 副主编

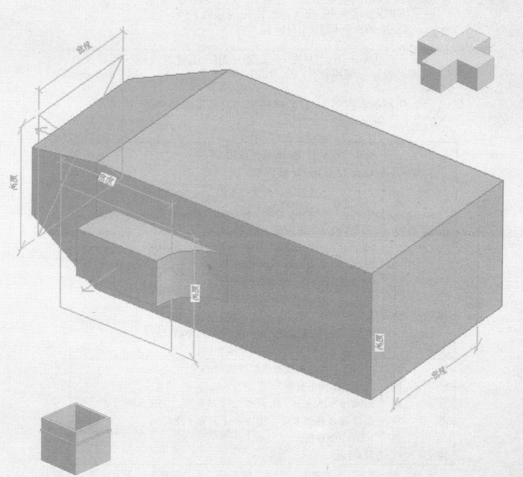

中国水利水电出版社
www.waterpub.com.cn

内 容 提 要

  本书指导读者在掌握 Revit 软件应用工具的前提下完成族实例的创建，在创建族实例的过程中巩固绘制命令和参数应用，最终将族运用于实际项目中。

  全书共分 7 章，内容包括族的简介、族编辑器与族样板、注释族的创建、轮廓族的创建、建筑族的创建、结构族的创建和 MEP 族的创建。本书配套有电子资料，包括书中介绍的各种族文件以及高级族的拓展视频，方便读者学习。

  本书可作为建筑师、在校相关专业师生、三维设计爱好者等的自学用书，也可作为高等院校相关课程的教材用书。本书配套电子资料可在 http：//www.waterpub.com.cn/softdown 免费下载。

图书在版编目（ＣＩＰ）数据

Autodesk Revit族详解 / 黄亚斌，徐钦主编. -- 北京 ：中国水利水电出版社，2013.3（2022.1 重印）
（BIM技术丛书. Revit软件应用系列）
ISBN 978-7-5170-0719-7

Ⅰ. ①A… Ⅱ. ①黄… ②徐… Ⅲ. ①建筑设计－计算机辅助设计－应用软件 Ⅳ. ①TU201.4

中国版本图书馆CIP数据核字(2013)第058380号

书　　　名	BIM 技术丛书 Revit 软件应用系列 **Autodesk Revit 族详解**
作　　　者	黄亚斌　徐钦　主编 柏慕进业 杨容　肖湘　孙欣　副主编
出 版 发 行	中国水利水电出版社 （北京市海淀区玉渊潭南路 1 号 D 座　100038） 网址：www.waterpub.com.cn E-mail：sales@waterpub.com.cn 电话：（010）68367658（营销中心）
经　　　售	北京科水图书销售中心（零售） 电话：（010）88383994、63202643、68545874 全国各地新华书店和相关出版物销售网点
排　　　版	中国水利水电出版社微机排版中心
印　　　刷	天津嘉恒印务有限公司
规　　　格	210mm×285mm　16 开本　11.75 印张　356 千字
版　　　次	2013 年 3 月第 1 版　2022 年 1 月第 4 次印刷
印　　　数	7001—9000 册
定　　　价	**38.00** 元

前　　言

Autodesk Revit 系列软件是 Autodesk 公司在建筑设计行业的三维设计解决方案，是有效创建信息化建筑模型和各种建筑施工文档的设计工具。它带给建筑师的不仅是一款全新的设计、绘图工具，也将建筑业信息技术推向又一个高峰。而族的创建和使用则是 Revit 系列软件的关键。

在 Revit 系列软件中族是组成项目的构建，同时是参数信息的载体。在项目设计开发过程中用于组成建筑模型的构建，例如柱、基础、框架梁、门窗，以及详图、注释和标题栏等都是利用族工具创建的。

族是一个包含通用属性（称作参数）集和相关图形表示的图元组。属于一个族的不同图元的部分或全部参数可能有不同的值，但是参数（其名称与含义）的集合是相同的。族中的这些变体称作族类型或类型。例如，家具族包含可用于创建不同家具（如桌子、椅子和橱柜）的族和族类型。尽管这些族具有不同的用途，并由不同的材质构成，但它们的用法却是相关的。

本书按照由易到难的进度，精心组织安排了各章节的内容。全书共分 7 章，第 1 章为族的简介，详细介绍了族的定义及分类；第 2 章为族编辑器与族样板，详细讲解了族编辑器的各种命令及族样板的特点及应用。接下来的第 3 章到第 7 章主要是讲族实例的创建，包括 Revit Architecture，Revit MEP 和 Revit Sturcture 三个产品中关于族的部分。第 3 章是注释族的创建；第 4 章是轮廓族的创建；第 5 章是建筑族的创建；第 6 章是结构族的创建；第 7 章是 MEP 族的创建。

本书指导读者在掌握软件应用工具的前提下完成族实例的创建，在创建实例的过程中巩固绘制命令及参数应用，最终将族运用于实际项目中。

本书可作为建筑师、在校相关专业师生、三维设计爱好者等的自学用书，也可作为高等院校相关课程的教材用书。

由于时间紧迫和作者水平有限，书中难免有疏漏之处，还请广大读者谅解并指正。

Autodesk 公司授权培训中心

柏慕中国（北京柏慕进业工程咨询有限公司）

2013 年 1 月

目　　录

第1章 族 的 简 介

Revit 系列软件是一款专业三维参数化建筑 BIM 设计软件，是有效创建信息化建筑模型和各种建筑施工文档的设计工具。在项目设计开发过程中用于组成建筑模型的构建，例如柱、基础、框架梁、门窗，以及详图、注释和标题栏等都是利用族工具创建的，因此熟练掌握族的创建和使用是掌握 Revit 系列软件的关键。本书将详细介绍 Revit 系列中各种族的相关内容，包括 Revit Architecture，Revit MEP 和 Revit Sturcture 三个产品中关于族的部分。

1.1 Revit Architecture 的基本术语

Revit Architecture 中所用的大多数术语都是行业通用的标准术语，但一些针对族的术语在 Revit Architecture 中有其特殊定义，所以在学习族的创建之前先来了解几个 Revit Architecture 的基本概念。

1.1.1 项目

在 Revit Architecture 中开始项目设计新建一个文件是指新建一个"项目"，而这个项目是指单个设计信息数据库，包含了建筑的所有设计信息（从几何图形到构造数据），包括完整的三维建筑模型、所有的设计视图（平、立、剖、大样节点、明细表等）和施工图图纸等信息，而且所有这些信息之间都保持了关联关系，当在其中某一个视图修改时，整个项目都会跟着修改，实现了"一处更新，处处更新"。这样可以自动避免各种不必要的设计错误，大大减少了建筑设计和施工期间由于图纸错误引起的设计变更和返工，提高了设计和施工的质量与效率。

1.1.2 图元、类别、类型、实例

1. 图元

在 Revit Architecture 中是通过在设计过程中添加图元来创建建筑模型的，Revit 图元有三种，分别是建筑图元、基准图元、视图专有图元。

（1）建筑图元。表示建筑的实际三维几何图形，它们显示在模型的相关视图中。建筑图元又分为两种，分别是主体图元和模型建筑图元。例如墙、屋顶等都属于主体图元，窗、门、橱柜等都属于模型构建图元。

（2）基准图元。可帮助定义项目定位的图元。例如标高、轴网和参照平面等都属于基准图元。

（3）视图专有图元。只显示在放置这些图元的视图中，可帮助对模型进行描述或归档。视图专有图元也可分为两种，分别是注释图元和详图图元。例如尺寸标注、标记等都是注释图元，详图线、填充区域和二维详图构建等都是详图图元。

2. 类别

类别是以建筑构件性质为基础，对建筑模型进行归类的一组图元。在 Revit Architecture 项目（和样板）中所有正在使用或可用的族都显示在项目浏览器中的"族"下，并按图元类别分组，如图 1-1 所示。

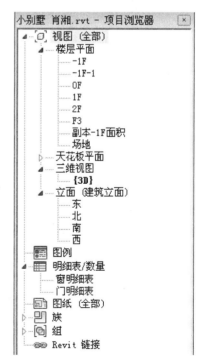

图 1-1

展开"窗"类别，可以看到它包含一些不同的窗族。在该项目中创建的所有窗都将属于这些族中的某一个，如图1-2所示。

3. 类型

族可以有多个类型，类型用于表示同一族的不同参数值，例如某个"推拉窗"包含的类型，如图1-3所示。

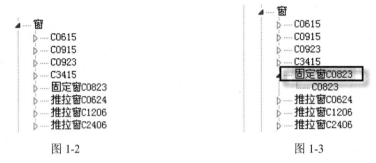

图1-2   图1-3

4. 实例

实例是指放置在项目中的实际项（单个图元）。

1.1.3 族

在 Revit Architecture 中族是组成项目的构件，同时是参数信息的载体。族是一个包含通用属性（称作参数）集和相关图形表示的图元组。属于一个族的不同图元的部分或全部参数可能有不同的值，但是参数（其名称与含义）的集合是相同的。族中的这些变体称作族类型或类型。例如，家具族包含可用于创建不同家具（如桌子、椅子和橱柜）的族和族类型。尽管这些族具有不同的用途并由不同的材质构成，但它们的用法却是相关的。族中的每一类型都具有相关的图形表示和一组相同的参数，称作族类型参数。

1.2 族的重要性及其应用（叙述）

（1）系统族和标准构件族是样板文件的重要组成部分，而样板文件是设计的工作环境设置，对软件的应用至关重要。标准构件族中的注释族与构建族参数设置以及明细表之间的关系密不可分。

以窗族的图元可见性和详细程度设置来说明族的设置与建筑设计表达的关系。在进行建筑设计时，平面图中的窗显示样式要按照设计规范来要求。针对设计规范，Revit Architecture 为设计师们提供了图元可见性和详细程度设置（见图1-4）是窗族在项目文件中的实例分别在"粗略"和"精细"详细程度下的平面视图和立面视图。由此可以看出，Revit Architecture 中族的设置与建筑设计表达是紧密相连的。

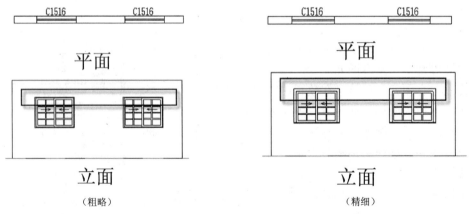

图1-4

（2）异型形体的在位创建——内建族、体量族。内建族的创建可以使我们在项目中创建各种各样的异型形体。体量族空间提供了三维标高等工具并预设了两个垂直的三维参照面，为创建异型形体提供了很好的环境。

（3）族的实用性和易用性对设计效率提升的关系。以万能窗的应用为例。通过创建一个万能窗族，载入到项目后，对其参数（材质参数、竖梃横梃相关参数、窗套的相关参数）进行修改，可得到多种多样的窗（见图1-5），为设计师们提供了很大的方便。

图 1-5

1.3 族的分类

在 Revit Architecture 中所用到的族大致可以分为三类：系统族、内建族和可载入族。

1.3.1 系统族

1. 定义

系统族是已经在项目中预定义并只能在项目中进行创建和修改的族类型，例如墙、楼板、天花板、轴网、标高等。他们不能作为外部文件载入或创建，但可以在项目和样板间复制、粘贴或者传递系统族类型。

2. 系统族的创建与修改

以墙为例来具体介绍系统族的创建和修改：

单击"常用"选项卡>"构建"面板>"墙"命令下拉按钮，单击"墙"命令，在属性对话框中选择需要的墙类型，在选项栏里，指定任何必要的值或选项，然后在视图中创建后在绘图区域进行绘制，如图1-6所示。

选中一面墙，打开"属性"对话框>"类型属性"对话框，单击"复制"，在"名称"栏输入"挡土墙2"，单击"确定"新建墙类型。若要修改墙体结构，单击"结构">"编辑"，打开"编辑部件"对话框，我们可以通过在"层"中插入构造层来修改墙体的构造，如图1-7所示。

3. 在项目或样板之间复制系统族类型

如果仅需要将几个系统族类型载入到项目或样板中，步骤如下：

打开包含要复制的系统族类型的项目或样板，再打开要将类型粘贴到其中的项目，选择要复制的类型，单击"修改墙"上下文选项卡中的"剪贴板"面板下的"复制"命令。单击"视图"选项卡>"窗口"面板>"切换窗口"命令，选择项目中要将族类型粘贴到其中的视图。单击"修改墙"上下文选项卡>"剪贴板"面板>"粘贴"命令，如图 1-8 所示。此时系统族类型将被添加到另一个项目中，并显示在项目浏览器中。

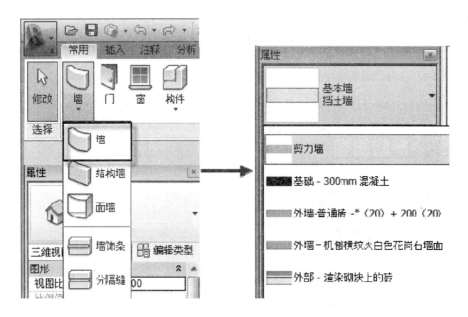

图 1-6

图 1-7

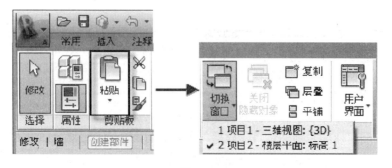

图 1-8

4. 在项目或样板之间传递系统族类型

如果要传递许多系统族类型或系统设置（例如需要创建新样板时），步骤如下：

分别打开要从中传递系统族类型的项目和要将系统族类型传递到其中的项目，单击"管理"选项卡>"项目设置"面板>"传递项目标准"命令，弹出"选择要复制的项目"对话框，将要从中传递族类型的项目的名称作为"复制自"。该对话框中列出了所有可从项目中传递的系统族类型，要传递所有系统族类型，请单击"确定"。仅要传递选择的类型，请单击"放弃全部"，接着只选择要传递的类型，然后单击"确定"，如图 1-9 所示。

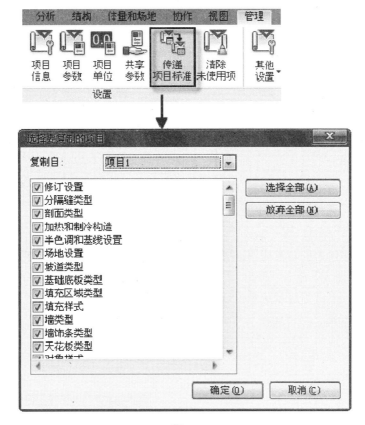

图 1-9

在项目浏览器中的"族"下，展开已将类型传递到其中的系统族，确认是否显示了该类型。

1.3.2 内建族

1. 定义

内建族只能储存在当前的项目文件里，不能单独存成 RFA 文件，也不能用在别的项目文件中。通过内建族的应用，我们可以在项目中实现各种异型造型的创建以及导入其他三维软件创建的三维实体模型。同时在通过设置内建族的族类别，还可以使内建族具备相应族类别的特殊属性以及明细表的分类统计。比如：在创建内建族时设定内建族的族类别为屋顶，则该内建族就具有了使墙和柱构件附着的特性；可以在该内建族上插入天窗等（基于屋顶的族样板制作的天窗族）。

2. 系统族的创建与修改

运用系统族的最佳做法是：仅在必要时使用它们。如果项目中有许多内建族，将会增加项目文件的大小，并降低系统的性能。

以异型屋顶为例来具体介绍内建族的创建和修改：

单击"常用"选项卡>"构件"面板>"内建模型"命令，选择族类别"屋顶"，输入名称，如图 1-10 所示，进入创建族模式。

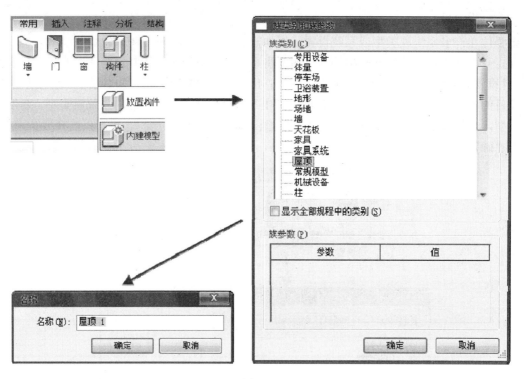

图 1-10

 进入"标高 2"视图绘制四条参照平面，单击"常用"选项卡>"形状"面板>"拉伸"命令，单击"工作平面"面板>"设置"命令，弹出"工作平面"对话框，选择"拾取一个平面"，单击"确定"。用 Tab 键拾取参照平面，拾取后用鼠标单击，弹出"转到视图"对话框，选择"南"，单击"打开视图"转到"南"立面视图，如图 1-11 所示。

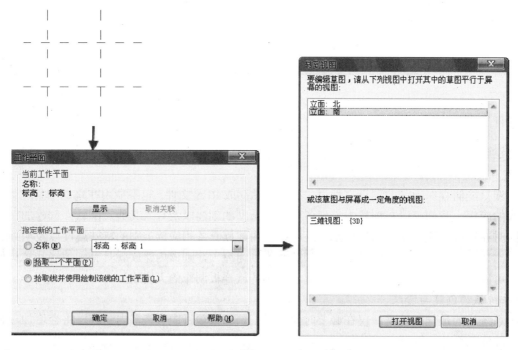

图 1-11

 然后绘制屋顶形状，完成拉伸，如图 1-12 所示。创建完形体后可以在"族类型"中添加"材质参数"，为几何图形制订材质。

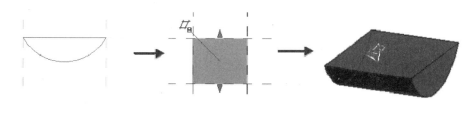

图 1-12

选择内建族实例，或在项目浏览器的族类别和族下，选择内建族类型。单击"修改族"上下文选项卡>"剪贴板"面板>"粘贴"命令，单击视图放置内建族图元。此时粘贴的图元处于选中状态，以便根据需要对其进行修改。根据粘贴的图元的类型，可以使用"移动"、"旋转"和"镜像"工具对其进行修改。

3. 在其他项目中使用内建族

虽然设计内建族的目的不是在 Revit Architecture 各个项目之间共享，但是可将它们添加到其他项目中。如果要在另一个项目中使用内建族，可以执行下列操作。

（1）复制该内建族，然后将其粘贴到另一个项目中。

（2）将该内建族保存为组，然后将其载入到另一个项目中。

要点：如果要复制的内建族是在参照平面上创建的，则必须选择并复制带内建族实例的参照平面，或将内建族作为组保存并将其载入到项目中。

4. 将内建族作为组载入到项目中

选择内建族，单击"修改体量"上下文选项卡>"创建"面板>"创建组"命令，弹出"创建模型组"对话框输入名称，单击"确定"完成，保存项目。只有将项目浏览器中的内建族所创建的组保存到本地，这样才能作为组载入到另一个项目中使用。

选择"成组"面板上的"编辑组"命令，可以添加或删除图元，并查看"组属性"，如图 1-13 所示。打开要载入内建族组的项目，单击"插入"选项卡>"从库中载入"面板>"作为组载入"。

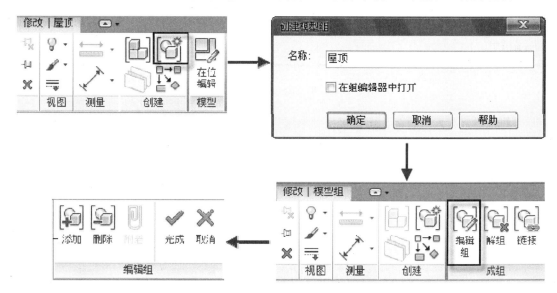

图 1-13

1.3.3 可载入族

（1）定义。可载入族是使用族样板在项目外创建的 RFA 文件，可以载入到项目中，具有高度可自定义的特征，因此可载入族是用户最经常创建和修改的族。可载入族包括在建筑内和建筑周围安装的建筑构件，例如窗、门、橱柜、装置、家具和植物等。此外，它们还包含一些常规自定义的注释图元，例如符号和标题栏等。创建可载入族时，需要使用软件提供的族样板，样板中包含有关要创建的族的信息。

（2）有关可载入族的创建和修改会在第 3 章作详细介绍。

（3）标准构件族在项目中的使用。单击"插入"选项卡>"从库中载入"面板>"载入族"命令，选择所需要的族载入项目中，如图 1-14 所示。

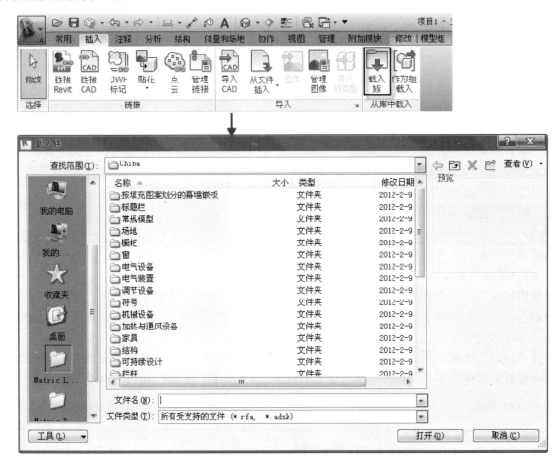

图 1-14

将所需的构建族载入项目后，可直接在"常用"选项卡>"构件"面板中选择该类别的构件，再选取载入的类型，添加到项目中。还可以打开项目浏览器，选中载入的族直接拖到所要添加的位置。单击项目中的构件族，在"属性"对话框下直接修改实例属性，单击"属性"对话框>"类型属性"命令修改类型参数。

第2章 族编辑器与族样板

2.1 族编辑器

2.1.1 族编辑器界面

以窗族界面为例，全界面截图，索引分析。

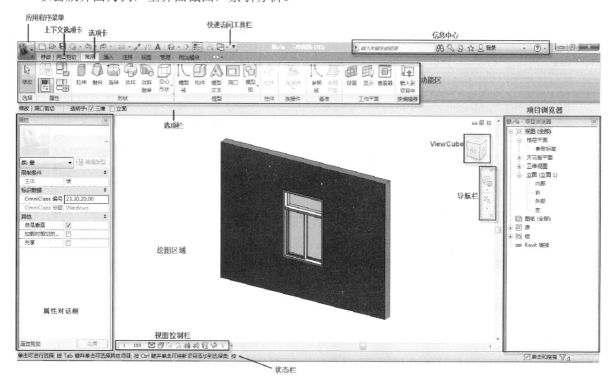

图 2-1

2.1.1.1 应用程序菜单

单击操作界面左上角的"应用程序菜单"按钮（见图 2-1），展开应用程序菜单，如图 2-2 所示。在此菜单中，提供了"新建"、"打开"、"保存"、"另存为"、"导出"、"发布"、"打印"、"授权"、"关闭"文件等常用的文件操作。

1. "关闭"与"退出 Revit"

"关闭"命令：用于关闭当前正在编辑的文件。

"退出 Revit"命令：用于关闭当前所有打开的文件，并退出 Revit 应用程序。

2. "授权"

"授权"命令用于 Revit 软件的许可管理。在"授权"下有三个子命令，如图 2-3 所示，后两个命令只有网络版软件用户可用。

（1）"授权信息"：用于查看 Revit 的单机、网络授权信息等。

（2）"借用许可"：网络版软件用户，可以向服务器借用许可实现离线使用。

（3）"提前返还许可"：已经借用许可的网络版软件用户，可提前归还许可。

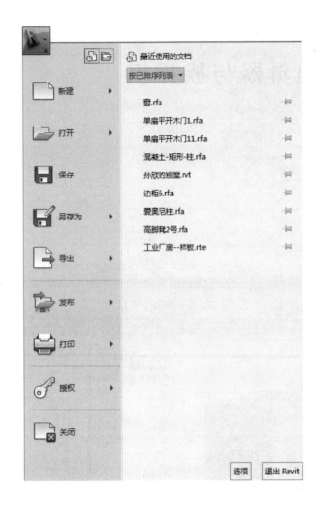

图 2-2   图 2-3

3. "最近使用的文档"

默认情况下，在应用程序菜单的右部显示出最近使用的文档列表，置顶的文件是最后使用的文件，如图 2-4 所示。使用此功能可以用来快速访问曾经处理过的项目。

（1）⬛命令用于打开"最近使用的文档"列表，⬛命令用于打开"打开文档"的列表。

（2）单击"排序列表"的下拉菜单，可根据需要设置文件排序方式，如图 2-5 所示。

（3）单击文件名后的 📌 按钮，可将文件固定在文件列表中，不论之后的文件列表如何变动，被锁定的文件被清除出列表。

4. "选项"

单击右下角的"选项"按钮▣，弹出"选项"对话框，用于控制软件某些方面的选项，如图 2-6 所示。

2.1.1.2 快速访问工具栏

"快速访问工具栏"（见图 2-7）用于放置一部分常用的命令与按钮，在下拉菜单中，可以自行勾选或取消勾选命令，此功能能显示或隐藏命令，如图 2-8 所示。

单击下拉菜单中的"自定义快速访问工具栏"，弹出对话框，如图 2-9 所示，可以自行定义快速访问工具栏中显示的命令及其顺序。

单击下拉菜单中的"在功能区下方显示"，则"快速访问工具栏"的位置将移动到功能区下方显示，同时，在下拉菜单中的该命令会变为"在功能区上方显示"。

图 2-4

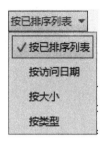

图 2-5

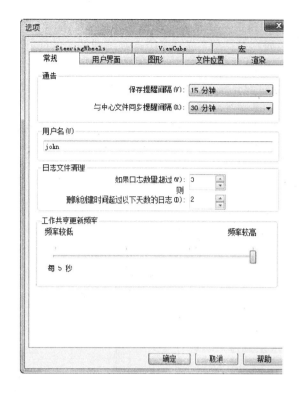

图 2-6

图 2-7

图 2-8

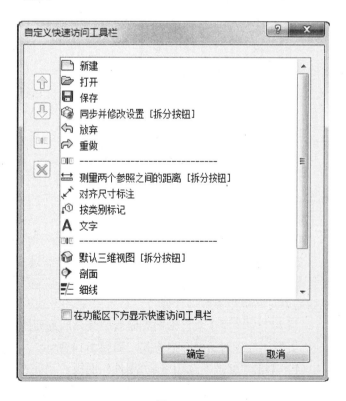

图 2-9

2.1.1.3　属性对话框（可见性及详细程度）

"属性对话框"显示了当前视图或图元的属性参数，其显示的内容随着选定对象的不同而变化。下面，以墙的属性对话框为例来详细介绍一下对话框中各参数的意义。

属性对话框由"类型选择器"、"实例属性参数"和"编辑类型"三部分组成，如图 2-10 所示。

1. 类型选择器

打开下拉菜单，可以用于选择已有的族类型来代替此时选中的图元类型，避免反复修改图元参数，如图 2-11 所示。

图 2-10　　　　　　　　　　　　　　　　图 2-11

2. 实例属性参数

实例属性参数中的列表，显示了当前选择图元的各种限制条件类、图形类、尺寸标注类、标识数据类、阶段类等实例参数及其数值。修改实例参数可以改变当前选择图元的外观尺寸等。

3. 编辑类型

单击"编辑类型"按钮，即打开"类型属性"对话框，如图 2-12 所示。

在"类型属性"对话框中，可对选定的族类型进行"复制"和"重命名"的操作。"复制"命令主要是在当前族类型的基础上新类型，单击"复制"按钮，弹出如图 2-13 所示对话框，输入新名称后，根据需要对新类型参数进行修改。

"载入"命令用于从已知的存储族中载入所需要的族。

"类型属性"对话框开启方式，如图 2-14 所示。

（1）单击"修改"选项卡>"属性"面板> "属性"命令。

（2）单击"视图"选项卡>"窗口"面板>"用户界面"下拉菜单，勾选"属性"选项。

（3）在绘图区域空白处单击右键，勾选"属性"。

图 2-12

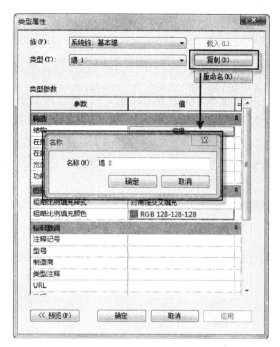

图 2-13

图 2-14

2.1.1.4 项目浏览器

项目浏览器用于显示当前项目中所有视图、明细表、图纸、族、组、链接的 Revit 模型和其他部分的逻辑层次。单击 "+" 和 "-"，可以展开和折叠各个分支，显示下一层项目。

同时，选中项目浏览器的相关项，单击右键，可以进行 "复制"、"删除"、"重命名" 等相关操作，如图 2-15 所示。

打开项目浏览器的方式：单击 "视图" 选项卡>"窗口" 面板>"用户界面" 下拉菜单，勾选 "项目浏览器" 选项。

2.1.1.5 信息中心

信息中心各部分名称，如图 2-16 所示。

1. 搜索 🔍

在搜索框中输入需要搜索的内容，单击 "搜索" 按钮，即可得到所需要的信息。

2. 速博中心🔑

针对购买了 Subscription 维护暨服务合约升级保障的用户，单击此按钮即可链接到 Autodesk 公司 Subscription Center 网站，用户可自行下载相关软件的工具插件、可管理自己的软件授权信息等。

3. 通信中心🔔

单击"通信中心"按钮，将显示有关产品更新和通告的信息链接。收到信的信息时，通信中心将在🔔按钮下方显示气泡式消息来提醒用户。

4. 收藏夹☆

收藏夹用于保存主题和网址链接。

5. 帮助 ⑦▾

"帮助"按钮用于打开帮助文件。帮助文件能使用户更快地了解软件和掌握软件的操作方法。在下拉菜单（见图 2-17）中，我们可以找到更多的教程、新功能专题研习、族手册等帮助资源。

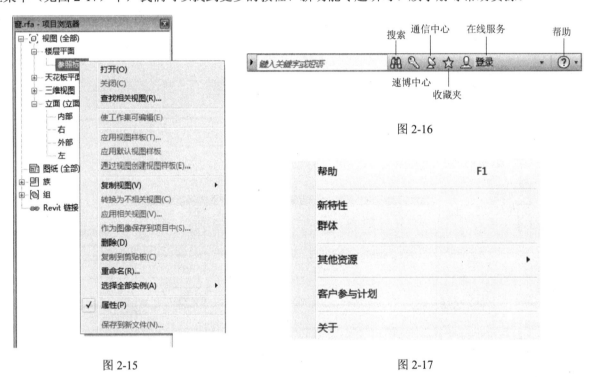

图 2-15

图 2-16

图 2-17

2.1.1.6 选项栏

当选择不同的工具命令时，命令附带的选项会显示在选项栏中；选择不同的图元时，与此图元相关的选项也会显示在选项栏中。在选项栏中可自行设置和编辑相关参数，如图 2-18 所示。

图 2-18

2.1.1.7 导航栏

用于当访问导航工具，使用放大、缩小、平移等命令以调整窗口中的可视区域。在下拉菜单中可以根据需要选择功能，如图 2-19 所示。

2.1.1.8 绘图区域

绘图区域默认背景为白色，在"应用程序菜单">"选项"按钮>"图形"选项卡>"颜色"面板中可以根据自己需要对背景颜色进行调整，如图 2-20 所示。

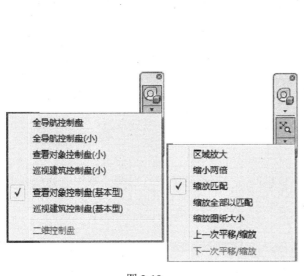

| 图 2-19 | 图 2-20 |

2.1.1.9　视图控制栏

视图控制栏用于快速访问影响绘图区域的功能，如图 2-21 所示。

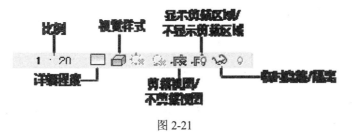

图 2-21

2.1.1.10　状态栏

状态栏用于显示与要执行的操作相关的提示。图元或构件高亮显示时，状态栏会显示族的类型和名称。状态栏右侧图标的意义如下。

（1）☑单击和拖曳：允许用户单击并拖曳图元，而无需先选择该图元。

（2）▽:0：过滤器，显示选择的图元数并优化在视图中选择的图元类别。此功能将在今后章节中详细讲解。

2.1.1.11　功能区

功能区提供了族创建和编辑的所有工具，这些命令与工具根据不同的类别，分别被放置在不同的选项卡中，如图 2-22 所示。

图 2-22

1. 选项卡

族编辑器中默认有"修改"、"常用"、"插入"、"注释"、"视图"、"管理" 6 个选项卡，若安装了基于 Revit 的插件，则会增加"附加模块"选项卡。

2. 上下文选项卡

当我们选择某图元或者激活某命令时，功能区的"修改"选项卡后会出现上下文选项卡，上下文选项卡中列出了和该图元或命令相关的所有子命令工具，例如选择拉伸的图元时，会出现如图 2-23 所示的上下文选项卡。

图 2-23

3. 功能面板

每个选项卡中都将其中的命令和工具根据其特点分到不同的面板中，例如"常用"选项卡下就有"属性"、"形状"、"模型"、"控件"、"连接件"、"基准"和"工作平面"面板。若命令旁有下拉箭头，则表明该命令下有更多选项，如图 2-24 所示。

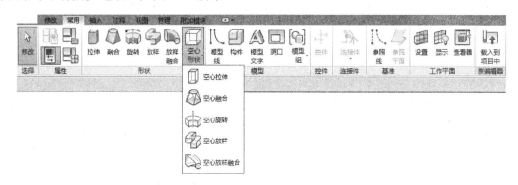

图 2-24

功能区的各种命令我们会在接下来的章节中详细介绍。

图 2-25

4. 启动程序箭头

启动程序箭头出现在某些功能面板的右下方。单击此箭头，会弹出一个对话框，该对话框用来定义设置或完成某项任务，如图 2-25 所示。

5. 自定义功能区

（1）功能面板的移动。将光标移动到功能面板标签上，按住左键不松动，将选中的目标拖曳到功能区上所需要的位置，即能实现功能面板的移动。

（2）功能面板单独放置。当我们需要单独使用某面板并使其处于明显位置的时候，我们选择将功能面板单独放置。将光标移动到所需移动的面板标签上，按住左键不松动，将选中的目标拖曳到绘图区域上即能实现功能面板的单独放置。若需将功能面板放置回原来的位置，只需对准该面板长按左键，当面板如图 2-26 显示时，即可拖动到所需位置。

（3）功能区视图状态设置。功能区选项卡的最右侧有下拉菜单符号，打开后显示了不同的选项，单击这些选项，可以控制功能区的视图状态，如图 2-27 所示。

图 2-26   图 2-27

2.1.2 功能区基本命令

2.1.2.1 修改

1. "修改"选项卡

"修改"选项卡由选择、属性、剪贴板、几何图形、修改、测量和创建 7 个面板组成，如图 2-28 所示。

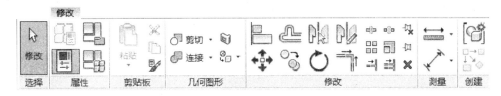

图 2-28

（1）"选择"面板。

"修改"命令用于选择需要编辑的图元，其使用有以下两种方式。

1）点选。将光标靠近所需选择的图元，当高亮线框显示时，单击左键，图元高亮显示。需要多选时，按住 Ctrl 键左击键即可选择多个图元；需要排除某个图元时，按住 Shift 键左击键选择需要排除的图元。

2）框选。在空白处按住左键，从左向右拉开范围选择框，当需要选择的图元已经在范围框内时松开左键。

若所框选的图元中有需要排除的图元，可按 Shift 键排除，也可以在修改选项卡下的"过滤器"（见图 2-29）中排除不需要的图元，如图 2-30 所示。

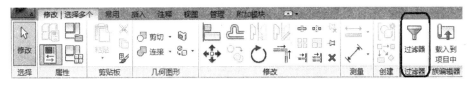

图 2-29

3）选择全部实例。左击需要选择的一类图元中的某个实例，图元高亮显示时对其右击，在快捷菜单中单击"选择全部实例"命令，如图 2-31 所示，系统自动筛选并选择所有相同类型的实例。此种选择方法用于快速编辑某一类图元。

提示：（1）用 Tab 键可切换选择相连的图元。

（2）"选择"功能面板会出现在所有选项卡中。

（2）"属性"面板。

"属性"面板用于查看和编辑对象属性的合集，在族编辑器过程中，提供"属性"、"族类型"、"族类别和族参数"和"类型属性"四种基本属性查询和定义。

图 2-30

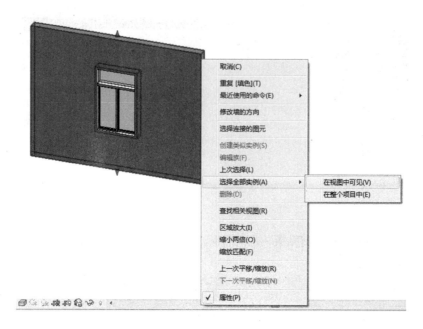

图 2-31

1）"属性"按钮。属性对话框的开关。系统默认属性对话框在族编辑器界面中显示，若需要隐藏属性对话框，可以单击"属性"按钮，如图 2-32 所示。

属性对话框的详细内容已经在 2.1.1.3 中介绍过，在此不再进行详述。

2）族类别和族参数。单击"族类别和族参数"按钮🗇，弹出对话框，如图 2-33 所示。

a．族类别。

一般情况下，族类别默认为族样板名。在需要族样板灵活应用时，可以自行选择所需要的族类别。族类别决定了族在项目中的使用特性。

b．族参数。

此对话框内的族参数是指此族在项目使用过程中的特性。不同的"族类别"所显示"族参数"（见图 2-34）不尽相同。这里是以"常规模型"为例来介绍"族参数"的应用。

"常规模型"为通用族，不带有任何特定族的特性，只有形体特征，以下是其中一些"族参数"的意义。

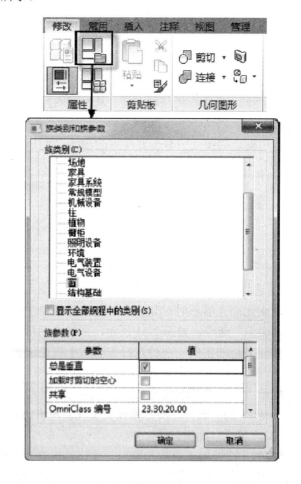

图 2-33

图 2-32

◆ 基于工作平面。

若选择"基于工作平面"，即使选择"公制常规模型.rft"为样板，所创建的族也只能放置于指定的工作平面或者某个实体表面。一般情况下，此选项不勾选。

◆ 总是垂直。

族参数(P)	
参数	**值**
基于工作平面	☐
总是垂直	☑
加载时剪切的空心	☐
可将钢筋附着到主体	☐

图 2-34

对于勾选了"基于工作平面"的族和用"基于面的公制常规模型.rft"模型创建的族，如果选择"总是垂直"，族将相对于水平面竖直放置；若没有选择"总是垂直"，族将默认垂直于所设置的工作平面，如图 2-35 所示。

◆ 加载时剪切的空心。

选择了"加载时剪裁的空心"的族在项目中使用时，会同时附带可剪切的空心信息。也就是说，当族在制作过程中定义了空心剪切，不勾选这个选项，在载入项目之后，族的使用中不会自动出现已经定义的空心剪切或是空心形状，如图 2-36 所示。

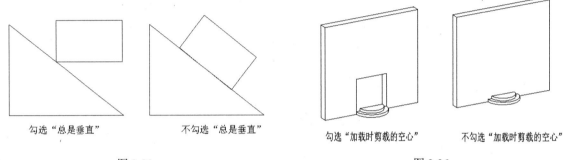

勾选"总是垂直"　　　　不勾选"总是垂直"　　　　勾选"加载时剪裁的空心"　　　不勾选"加载时剪裁的空心"

图 2-35　　　　　　　　　　　　　　　　图 2-36

◆ 可将钢筋附着到主体。

"可将钢筋附着到主体"是 Revit Architecture 2012 中为"公制常规模型"定制的一项新功能。运用"公制常规模型.rft"所创建的族，若勾选了此选项，在使用 Revit Structure 打开的项目中，只要剖切此族，用户就可以在这个族的剖面上自由添加钢筋。

◆ 部件类型。

"部件类型"和"族类型"密切相关，在选择族类别时，系统会自动匹配相对应的部件类型，用户一般不需要再次修改。

◆ 共享。

在制作嵌套族过程中，若子族勾选过"共享"选项，当父族载入项目中时，子族也可以被同时调用，达到"共享"。一般情况下，默认不勾选。

3）族类型和参数。在族类别和族参数设置完成后，单击"族类型"，打开"族类型"对话框对族类型和参数进行设置，如图 2-37 所示。

a．新建族类型。

"族类型"是在项目中用户可以看到的族的类型。一个族可以有多个类型，每个类型可以有不同的尺寸形状，并且可以分别调用。在"族类型"对话框右上角单击"新建"按钮以添加新的族类型。对于已经存在的族类型还可以进行"重命名"和"删除"的操作。

b．添加参数。

参数对于族来说十分重要，正是因为有了参数的存在，族才有了强大的生命力。这种生命力具体体现在高利用率，多变性等族的特性上。

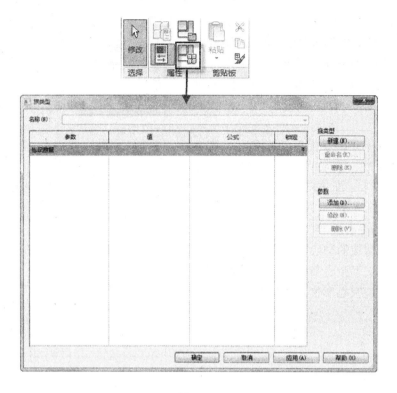

图 2-37

单击"族类型"对话框中右侧的"添加"按钮,打开"参数属性"对话框,如图 2-38 所示。具体的参数分类及应用已在上文中提到,在此不作详述。

提示:"属性"功能面板会出现在"常用"和"修改"选项卡中。

(3)"剪贴板"面板。

1)"剪切"命令。"剪切"命令(见图 2-39)主要用于将选中的图元从原视图中剪切下来,放置入粘贴板中,再将其用"粘贴"命令插入所需要位置。

具体操作步骤为:

a. 选择需要剪切的图元。

b. 图元高亮显示后,单击"剪切"命令。

2)"复制"命令。"复制"命令🗎用于将选中的图元复制到粘贴板中,再利用"粘贴"命令将其放置到当前视图、其他视图或另一个项目中。

具体操作步骤为:

a. 选择需要复制的图元。

b. 图元高亮显示后,单击"复制"命令。

3)"粘贴"命令。"粘贴"命令用于将已选中的图元粘贴到需要的位置。在"粘贴"命令的下拉菜单(见图 2-40)中,我们可以看到不同的粘贴选项。

下面我们来一一解释其用途:

a. 从剪贴板中粘贴。

将图元从剪贴板粘贴到当前视图中,具体操作如下:

◆ 选择需要移动或复制的图元进行剪切或复制[详见 1)和 2)]。

◆ 单击"粘贴"命令下的下拉菜单,选择"从剪贴板中粘贴"。

◆ 单击将图元放置在所需的位置,然后可以使用"移动"、"旋转"、"对齐"命令或者其他工具来调整其位置。

图 2-38   图 2-39   图 2-40

b. 与选中的标高对齐。

将多个图元从一个标高粘贴到制定的标高，具体操作如下：

◆ 选择一个或者多个图元，使用"剪切"或"复制"命令。

◆ 单击"粘贴"命令下的下拉菜单，选择"与选定的标高对齐"，弹出对话框，如图 2-41 所示。

◆ 在对话框的列表中选择所需要的标高。若需要选择多个标高，则按住 Shift 键或者 Ctrl 键同时单击。

c. 与选定的视图对齐。

将选定的图元（包括视图专有图元，如尺寸标注）粘贴到指定的视图中，具体操作如下：

◆ 选择图元进行"剪切"或"复制"命令。

◆ 单击"粘贴"命令下的下拉菜单，选择"与选定的视图对齐"。

◆ 在弹出的对话框中选择需要的视图，如图 2-42 所示。若需要在列表中选择多个视图，可以按住 Shift 键或者 Ctrl 键同时单击。

图 2-41   图 2-42

d. 与当前视图对齐。

将从其他视图中剪切或复制的图元粘贴到当前视图中，具体操作如下：

◆ 在视图 1 中选择图元，进行"剪切"或者"复制"。

◆ 进入视图 2，在"粘贴"命令的下拉菜单中选择"与当前视图对齐"。

e. 与同一位置对齐。

将图元粘贴到从剪切或复制的相同的位置。此选项用于在工作集或设计选项之间粘贴图元，还可用于在两个共享坐标文件之间进行粘贴。

f. 与拾取的标高对齐。

将选定的图元粘贴到立面视图或剖面视图中，具体操作如下：

◆ 选择图元进行"剪切"或"复制"命令。

◆ 进入立面或者剖面视图，单击"粘贴"命令下的下拉菜单，选择"与拾取的标高对齐"。

◆ 在立面或者剖面视图中选择所需要的标高。

4)"匹配类型属性"命令。

"匹配类型属性"命令（见图 2-43）用于转换一个或多个图元，使其与同一视图中的其他图元的类型相匹配，具体操作如下，如图 2-44 所示。

图 2-43

a. 单击"匹配类型属性"命令。

b. 选择需要转换成类型的某个实例。

c. 单击选择需要转换的图元。

d. 若有多个图元需要转换，单击"选择多个"命令，用 Ctrl 键和 Shift 键选择多个图元，单击"完成"。

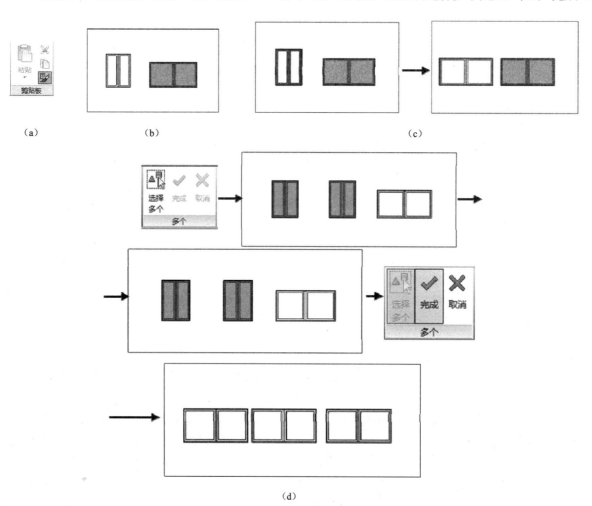

（a）　　　　　（b）　　　　　　　　　　（c）

（d）

图 2-44

提示："匹配类型属性"仅在同一个视图中有效，不能在项目视图之间匹配类型。选择的图元必须属于同一种类别。

（4）"几何图形"面板。

图 2-45

"几何图形"面板（见图 2-45）由"剪切"、"连接"、"拆分面"、"填色"四项命令组成，用于图元中几何图形的编辑。

1）"剪切"命令。此处的"剪切"命令不同于剪贴板中剪切命令。几何图形面板中的"剪切"命令用于有部分重叠的图元进行几何剪切或者从实心形状剪切实心或空心形状。

以空心形状剪切实心形状为例，具体操作如下，如图 2-46 所示。

a．在"剪切"命令下拉菜单中选择"剪切几何图形"。

b．首先选择空心形状几何图形。

c．然后选择实心形状几何图形，剪切完成。

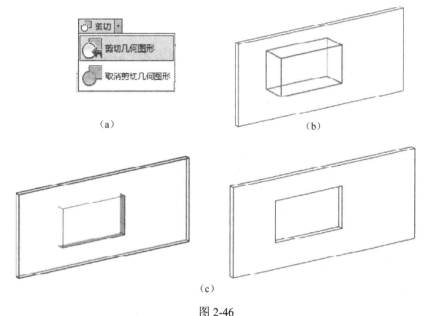

（a）　　　　　　　　　　　　　（b）

（c）

图 2-46

提示："取消剪切几何图形"除在"a."步骤中选择不同外，其他操作步骤与"剪切几何图形"相同。

2）"连接"命令。"连接几何图形"命令用于在共享公共面的 2 个或更多主体图元（如墙和楼板）之间创建连接。此命令将删除连接的图元之间的可见边缘，之后连接的图元便可共享相同的线宽和填充样式，如图 2-47 所示。

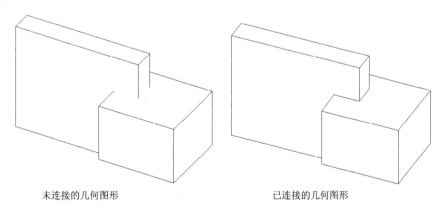

未连接的几何图形　　　　　　　　已连接的几何图形

图 2-47

具体操作如下，如图 2-48 所示。

a．在"连接"命令下拉菜单中选择"连接几何图形"。

b．分别单击需要连接的两个几何图形。

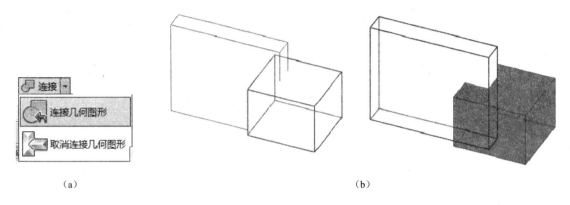

（a）   （b）

图 2-48

提示："取消连接几何图形"除在"a."步骤中选择不同外，其他操作步骤与"连接几何图形"相同。

3）"拆分面"命令。"拆分面"命令 是用于将图元（如墙或柱）的面分割成若干区域，以便使用不同的材质。此命令只能拆分图元的选定面，而不会产生多个图元，也不会修改图元的结构。通常与"填色"命令配合使用。

具体操作步骤如图 2-49 所示。

a．单击"修改"选项卡>"几何图形"面板>"拆分面"命令。

b．选择需要拆分的面。

c．绘制需要拆分的几何形状。

d．单击"完成"。

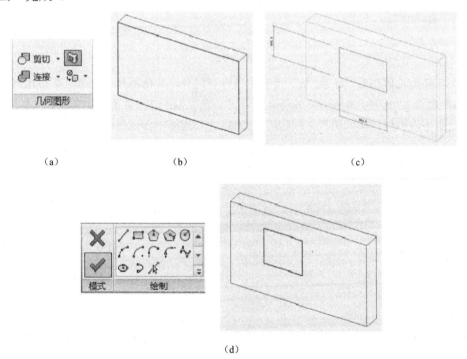

（a）   （b）   （c）

（d）

图 2-49

4）"填色"命令。"填色"命令🔲用于将材质赋予图元的面，常与"拆分面"命令配合使用。具体操作，如图 2-50 所示。

a. 单击"修改"选项卡>"几何图形"面板>"填色"工具下拉菜单"填色"命令。

b. 在弹出的对话框中选择所需的材质。

c. 单击需要修改材质的面。

d. 单击对话框右下角的完成。

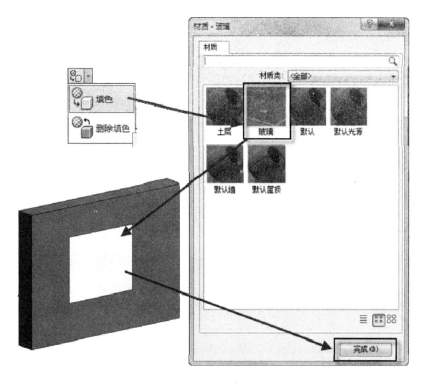

图 2-50

（5）"修改"面板。

1）"对齐"命令。"对齐"命令🔲用于将一个或多个图元与选定的图元对齐，具体操作（见图 2-51）如下：

a. 单击"修改"选项卡>"修改"面板>"对齐"命令。

b. 选择对齐的目标图元。

c. 选择需要对齐的图元。

d. 若将出现的小锁锁定，则能确保此对齐不受其他模型修改的影响。

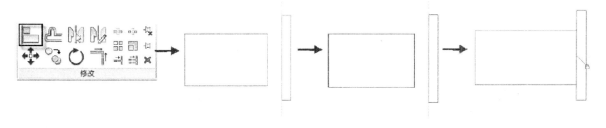

图 2-51

2）"移动"命令。"移动"命令✛用于将选定图元移动到当前视图中指定的位置，具体操作，如图 2-52 所示。

a. 选择需要移动的图元。

b. 待图元高亮显示后，单击"修改"选项卡>"修改"面板>"移动"命令。

c. 单击选择移动点。

d. 选定图元需要移动到的位置，左击完成移动。也可以选定移动方向，输入移动距离，左击或者 Enter 键完成移动。

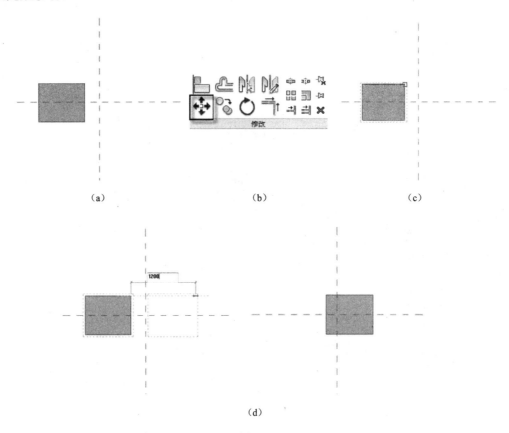

（a）　　　　　　　（b）　　　　　　　（c）

（d）

图 2-52

提示： 拖曳图元同样能够达到移动图元的目的，但是，"移动"工具能够通过输入数据更加精确地确定放置点。

3）"偏移"命令。"偏移"命令用于将选定的图元（例如线、墙或梁）复制或移动到与其长度相垂直方向上的指定距离处。"偏移"有两种形式，即"图形方式"与"数值方式"。

a."图形方式"具体操作，如图 2-53 所示。

◆ 单击"修改"选项卡>"修改"面板>"偏移"命令。

◆ 选择"图形方式"，根据需要选择是否勾选"复制"。

◆ 选择需要偏移的图元。

◆ 图元高亮显示后，在图元上选择偏移点。

◆ 在偏移方向上拖曳到放置点后单击完成偏移；也可以在输入偏移量，左击或 Enter 键完成偏移。

b."数值方式"具体操作，如图 2-54 所示。

◆ 单击"修改"选项卡>"修改"面板>"偏移"命令。

◆ 选择"数值方式"，输入偏移数值，根据需要选择是否勾选"复制"。

◆ 将光标靠近需要偏移的图元，图元高亮显示时会在光标靠近的方向出现一条虚线，虚线所在方向即为偏移方向。

◆ 单击鼠标左键完成偏移。

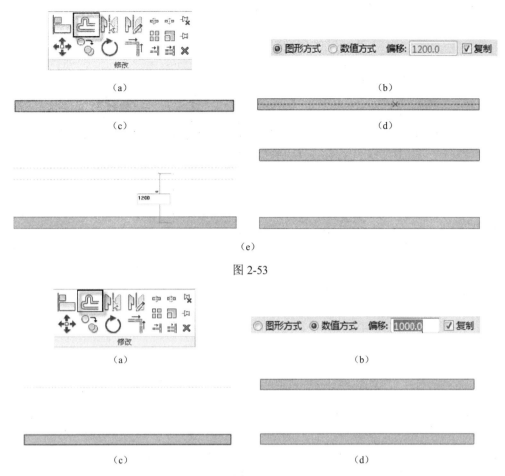

（a）

（b）

（c）

（d）

（e）

图 2-53

（a）

（b）

（c）

（d）

图 2-54

提示： 可以利用 Tab 键选择属于同一族的一连串图元。

4）"复制"命令。"复制"命令 用于复制选定的图元并将它们放置在当前视图中制定的位置。如果需要将复制的图元临时放置在同一视图中，则需使用"修改"选项卡>"剪贴板"面板>"复制"命令。例如，如果在放置复制图元之前需要切换视图或项目，请使用"剪贴板"面板>"复制"命令。

"复制"命令 具体操作，如图 2-55 所示。

a．选定需要复制的图元，图元高亮显示。

b．单击"修改"选项卡>"修改"面板>"复制"命令。

c．选定复制点，拖曳图元或者确定移动方向后输入数值。

d．单击左键完成复制。

5）"镜像"命令。"镜像"命令 用于翻转选定的图元，或者通过一个步骤生成图元的一个副本并反转其位置。"镜像"命令有两个按钮，即"镜像-拾取轴" 与"镜像-绘制轴"。"镜像-拾取轴"可以是现有的线或边作为镜像轴，来反转选定图元的位置；"镜像-绘制轴"即需手动绘制一条临时线，用作镜像轴。

a."镜像-拾取轴"具体操作，如图 2-56 所示。

◆ 选择需要镜像的图元，图元高亮显示。

◆ 单击"修改"选项卡>"修改"面板>"镜像-拾取轴"命令。

◆ 光标靠近一条现有的线或边作为镜像轴，此条线或边会高亮显示。

◆ 单击完成镜像。

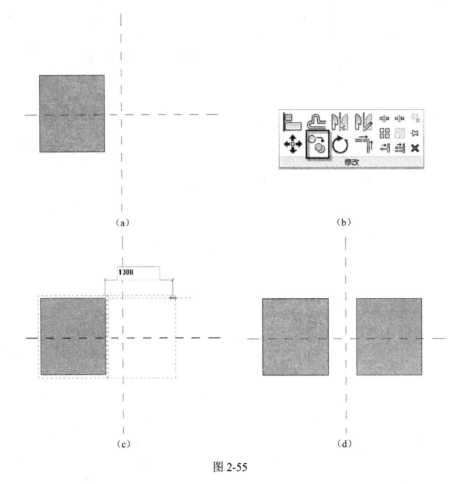

（a）   （b）

1300

（c）   （d）

图 2-55

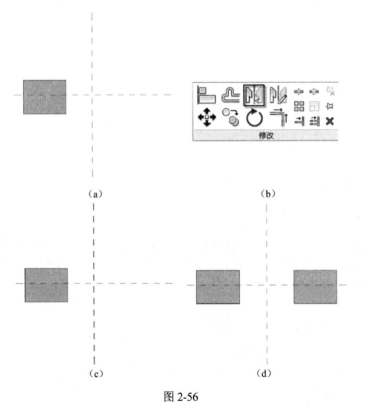

（a）   （b）

（c）   （d）

图 2-56

b."镜像-拾取轴"具体操作，如图 2-57 所示。

◆ 选择需要镜像的图元，图元高亮显示。

◆ 单击"修改"选项卡>"修改"面板>"镜像-绘制轴"命令。

◆ 手动绘制一条镜像轴，轴线绘制完成时，"镜像-绘制轴"结束。

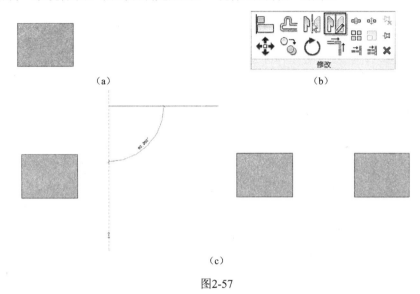

图2-57

6)"旋转"命令。"旋转"命令○用于绕轴旋转选定的图元。在楼层平面视图、天花板投影平面视图、立面视图和剖面视图中，图元围绕处置与视图的旋转中心轴进行旋转；在三维视图中，该旋转中心轴垂直于视图的工作平面。

一般情况下，旋转中心是默认为图元中心的。如需要改变旋转中心，可以拖动或单击旋转中心控件，按空格键，或在选项栏上选择"旋转中心：放置"，然后单击鼠标来指定第一条旋转线，再次单击鼠标来指定第二条旋转线。

"旋转"命令具体操作，如图 2-58 所示。

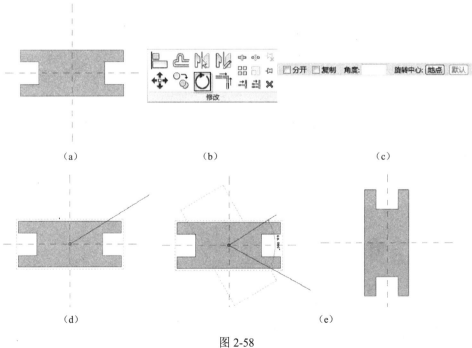

图 2-58

a. 选择需要旋转的图元，图元高亮显示。

b. 单击"修改"选项卡>"修改"面板>"旋转"命令。

c. 根据需要在选项栏中选择自己需要的选项。

d. 单击选定第一条旋转线。

e. 单击选定第二条旋转线，旋转完成。

7)"修剪/延伸为角部"命令。"修剪/延伸为角部"命令用于修剪或延伸选中的图元（例如墙或梁），以形成一个角。具体操作，如图2-59所示。

a. 单击"修改"选项卡>"修改"面板>"修剪/延伸为角部"命令。

b. 单击需要修剪的图元1。

c. 单击需要修剪的图元2，修剪完成。

提示：选择需要修剪的图元时，请单击需要保留的那一部分。

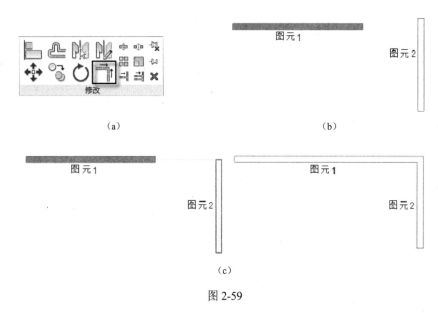

图 2-59

8)"修剪/延伸图元"命令。"修剪/延伸图元"命令可以沿一个图元定义的边界修剪或延伸一个或多个图元（例如墙、线、梁或支撑等）。"修剪/延伸图元"有两个按钮，即"修剪/延伸单一图元"和"修剪/延伸多个图元"。

a. "修剪/延伸单一图元"具体操作，如图2-60所示。

◆ 单击"修改"选项卡>"修改"面板>"修剪/延伸单一图元"命令。

◆ 选择作为边界的参照。

◆ 选择需要修剪或延伸的图元，完成修剪。

b. "修剪/延伸多个图元"具体操作，如图2-61所示。

◆ 单击"修改"选项卡>"修改"面板>"修剪/延伸多个图元"命令。

◆ 选择作为边界的参照。

◆ 选择需要修剪或延伸的每一个图元，完成修剪。

提示：选择需要修剪的图元时，请单击需要保留的那一部分。

9)"锁定"与"解锁"命令。"锁定"命令用于将模型如愿锁定到位，图元锁定后，不能对其进行移动，除非将图元设置为随附近的图元一同移动或它所在的标高上下移动。"解锁"命令用于解锁模型图形，使之可以移动。

a. "锁定"命令具体操作，如图2-62所示。

◆ 选择需要锁定的图元，图元高亮显示。

◆ 单击"修改"选项卡>"修改"面板>"锁定"命令。

◆ 图元上出现锁定符号，锁定完成。

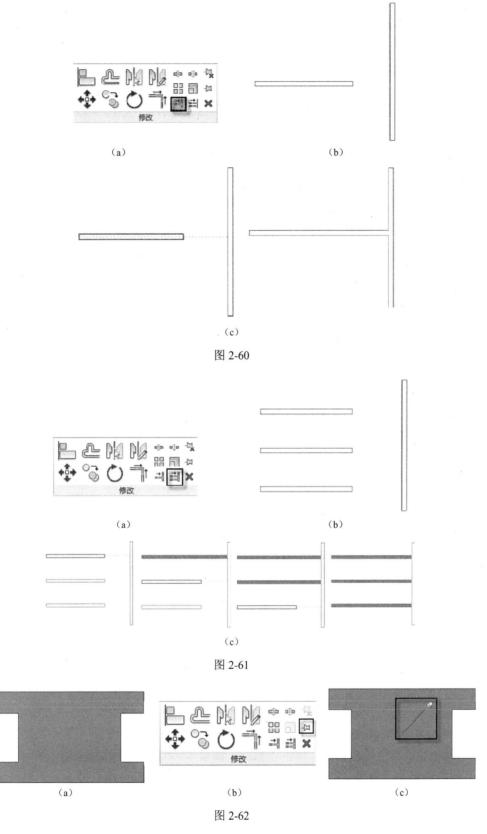

（a）　　　　　　　　　　　（b）

（c）

图 2-60

（a）　　　　　　　　　　　（b）

（c）

图 2-61

（a）　　　　　　　　（b）　　　　　　　　（c）

图 2-62

提示：如果图元已被锁定，尝试移动时会出现警告，如图 2-63 所示。

图 2-63

b."解锁"命令具体操作，如图 2-64 所示。

◆ 选择需要解锁的图元，图元高亮显示。

◆ 单击"修改"选项卡>"修改"面板>"解锁"命令，或者直接单击图元显示的锁定符号。

◆ 图元上出现解锁符号，解锁完成。

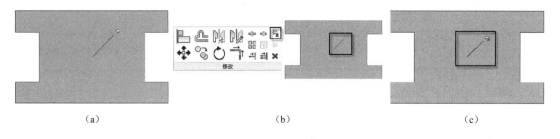

（a）　　　　　　　　　　（b）　　　　　　　　　　（c）

图 2-64

10）"删除"命令。"删除"命令✖用于从建筑模型中删除选定的图元。删除的图元不会被放置在剪贴板中，如果需要撤销删除操作，则单击"撤销"命令↶▾或按 Ctrl+Z 键。

"删除"命令具体操作，如图 2-65 所示。

a．选择需要删除的图元，图元高亮显示。

b．单击"修改"选项卡>"修改"面板>"解锁"命令，或者直接按 Delete 键。

（6）"测量"面板。

1）"测量"命令。"测量"命令下拉菜单中有两个选项（见图 2-66）。"测量两个参照之间的距离"用于测量两个图元或其他参照物之间的距离；"沿图元测量"用于测量图元的长度。

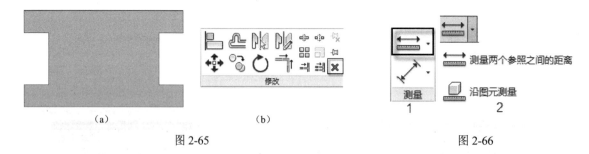

（a）　　　　　　　　　　（b）　　　　　　　　　　测量

　　　　　　　　　　　　　　　　　　　　　　　　　　1　　　　　2

图 2-65　　　　　　　　　　　　　　　　　　图 2-66

a．"测量两个参照之间的距离"具体操作，如图 2-67 所示。

◆ 打开一个平面、立面或剖面，单击"修改"选项卡>"修改"面板>"测量"下拉菜单"测量两个参照之间的距离"命令。

◆ 绘制一条临时线或一连串连接指定点的线。

◆ 此时会显示尺寸标注的总数值。

◆ 此时的显示为临时显示，开始下一个测量或按 Esc 键退出测量，测量数值消失。

b. "沿图元测量"具体操作，如图 2-68 所示。

◆ 打开一个平面、立面或剖面，单击"修改"选项卡>"修改"面板>"测量"下拉菜单"沿图元测量"命令。

◆ 拾取要测量的现有墙或线。

◆ 此时会显示尺寸标注的总数值。

◆ 此时的显示为临时显示，开始下一个测量或按 Esc 键退出测量，测量数值消失。

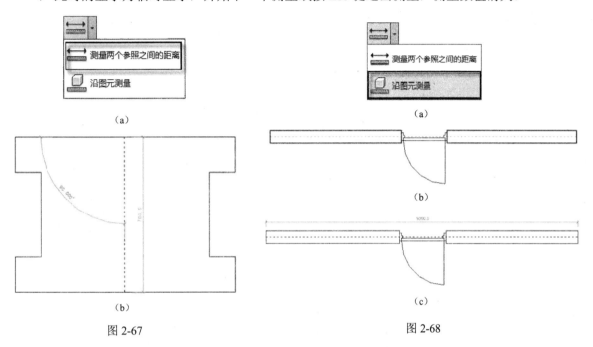

图 2-67

图 2-68

2) "尺寸标注"命令。"尺寸标注"命令 ✐ 用于添加视图中的尺寸标注。此内容我们将在接下来的章节中详细介绍。

（7）"创建"面板。

1) "创建组"命令。"创建组"命令 🗔 用于将一组图元创建成为组，以便于重复使用和布局。具体操作，如图 2-69 所示。

a. 方法一。

◆ 选择需要创建成组的图元。

◆ 单击"修改"选项卡>"创建"面板>"创建组"命令。

◆ 输入组名称，单击确定完成"创建组"命令。

b. 方法二。

◆ 单击"修改"选项卡>"创建"面板>"创建组"命令。

◆ 输入组名称，选择组类型，单击确定进入组编辑状态。

◆ 利用"添加"和"删除"按钮选择组内图元。

◆ 单击"完成"退出编辑状态，"创建组"命令完成。

2) "创建类似实例"命令。"创建类似实例"命令 🗔 用于创建和放置与选定图元类型相同的图元。使用此命令时，每个新图元的族实例参数都与所选定的图元相同。具体操作，如图 2-70 所示。

a. 选定需要创建类似实例的图元，图元高亮显示。

b. 单击"修改"选项卡>"创建"面板>"创建类似实例"命令。

c. 此时，处于选择类型图元的编辑状态，以新建图元的方式创建该类型实例。

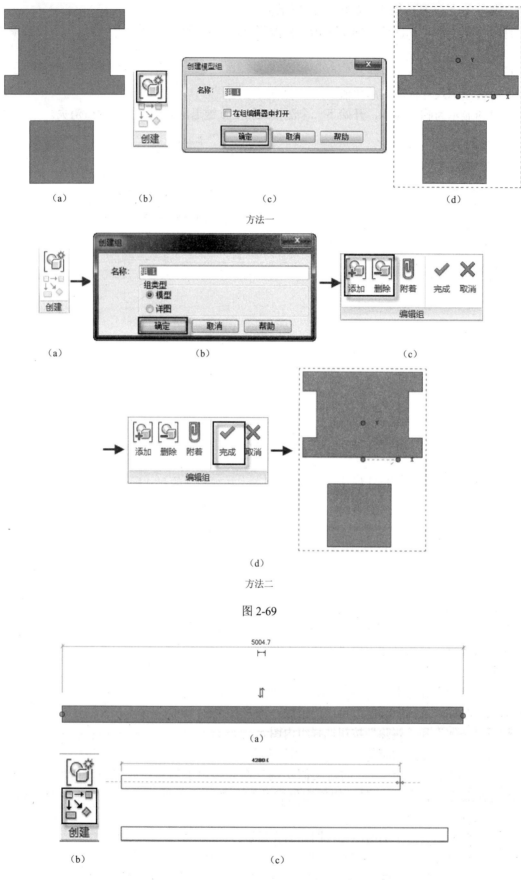

（a）　　　（b）　　　（c）　　　（d）

方法一

（a）　　　（b）　　　（c）

（d）

方法二

图 2-69

（a）

（b）　　　（c）

图 2-70

2.1.2.2 常用

"常用"选项卡由"修改"、"属性"、"形状"、"模型"、"控件"、"连接件"、"基准"和"工作平面"功能面板组成。

1. "形状"面板

"形状"面板中包括了所有可以用于创建三维形状的工具，通过"拉伸"、"放样"、"旋转"、"融合"以及"放样融合"形成实心或者空心的三维形状。

（1）"拉伸"命令。"拉伸"命令时通过绘制一个封闭的轮廓作为拉伸的端面，然后设定拉伸高度来实现建模。拉伸有"拉伸"（即实体拉伸）和"空心拉伸"两种（见图 2-71），其操作方法是相同的（见图 2-72）：

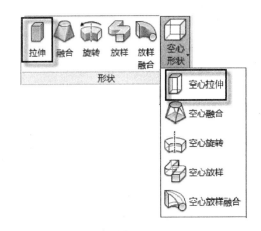

图 2-71

1）单击"常用"选项卡>"形状"面板>"拉伸"命令（或"常用"选项卡>"形状"面板>"空心形状"工具下拉菜单>"空心拉伸"命令）。

2）绘制一个闭合轮廓。

3）设定拉伸长度，单击完成"拉伸"命令。

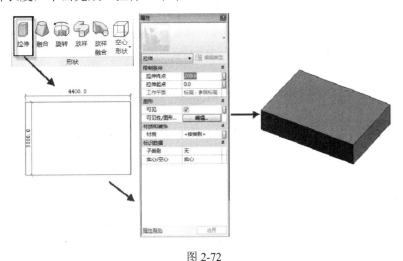

图 2-72

（2）"放样"命令。"放样"命令用于创建需应用某种轮廓，并沿相应路径将此轮廓拉伸以完成创建目的的构件。"放样"命令同样有"放样"与"空心放样"，其具体操作方法相同（见图 2-73）：

1）单击"常用"选项卡>"形状"面板>"放样"命令（或"常用"选项卡>"形状"面板>"空心形状"工具下拉菜单>"空心放样"命令）。

2）绘制拉伸路径。

3）绘制轮廓或者选择已载入的轮廓。

4）单击完成"放样"命令。

（3）"旋转"命令。"旋转"命令用于创建需使用某几何图形，并以某轴线为中心旋转一定角度而成的构件。"旋转"与"空心旋转"的具体操作如下（见图 2-74）：

1）单击"常用"选项卡>"形状"面板>"旋转"命令（或"常用"选项卡>"形状"面板>"空心形状"工具下拉菜单>"空心旋转"命令）。

2）绘制旋转的几何图形，此图形必须为闭合。

3）拾取或绘制轴线（此操作可能需要转换视图）。

4）设定旋转角度等参数。

5）单击完成"旋转"命令。

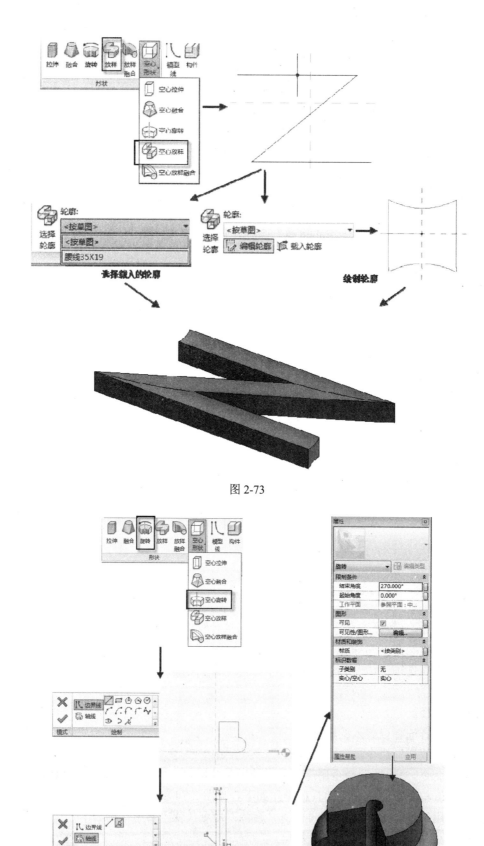

图 2-73

图 2-74

(4)"融合"命令。"融合"命令用于将两个平行平面上的不同形状的断面进行融合，完成建模。其具体操作如下（见图2-75）：

1）单击"常用"选项卡>"形状"面板>"融合"命令（或"常用"选项卡>"形状"面板>"空心形状"工具下拉菜单>"空心融合"命令）。

2）编辑底部轮廓，轮廓必须为闭合几何图形。

3）编辑顶部轮廓。

4）设定两个端点之间的距离。

5）单击完成"融合"命令。

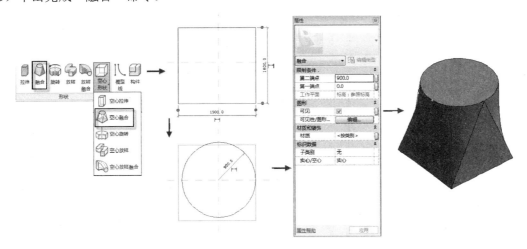

图 2-75

(5)"放样融合"命令。"放样融合"命令用于创建两个端面不在平行平面上，且两者需沿指定的路径相融合的构件。其使用原理与放样命令大致相同，区别在于放样融合命令需采用两个轮廓。

其具体操作如下（见图2-76）：

1）单击"常用"选项卡>"形状"面板>"放样融合"命令（或"常用"选项卡>"形状"面板>"空心形状"工具下拉菜单>"空心放样融合"命令）。

2）在功能区选择"绘制路径"或"拾取路径"，绘制或三维拾取融合路径。

3）选择轮廓1，绘制或选择第一个端面轮廓。

4）选择轮廓2，绘制或选择第二个端面轮廓。

5）单击完成"放样融合"命令。

2. "模型"面板

(1)"模型线"命令。"模型线"用于创建存在于三维空间中且在项目的所有视图中都可见的线。一般情况下，可以使用模型线表示建筑设计中的三维几何图形，例如绳索或者缆绳。在绘制之前要在下拉菜单中选定所需线型，如图2-77所示。

(2)"构件"命令。"放置构件"用于将选定类型的图元放置在族中。使用下拉菜单中的列表选择图元类型，如图2-78所示，若没有所需要的类型，可载入族之后使用此命令。选定类型后在绘图区域中需要放置的位置单击，即可放置图元。

(3)"模型文字"命令。"模型文字"命令用于将三维文字添加到建筑模型中。常用语作为建筑上的标记或墙上的字母。可根据需要由类型属性和实例属性控制其字体、大小、深度及材质，如图2-79所示。

(4)"洞口"命令。"洞口"命令用于在主体上创建一个洞口，该工具只能在基于主体的族样板（如基于墙或天花板）中使用。

(5)"模型组"命令。"模型组"命令用于创建一组定义的图元，或将一组图元放置在当前视图中。此命令适用于需要重复布置一组图元或许多建筑项目需要试用相同实体的情况。

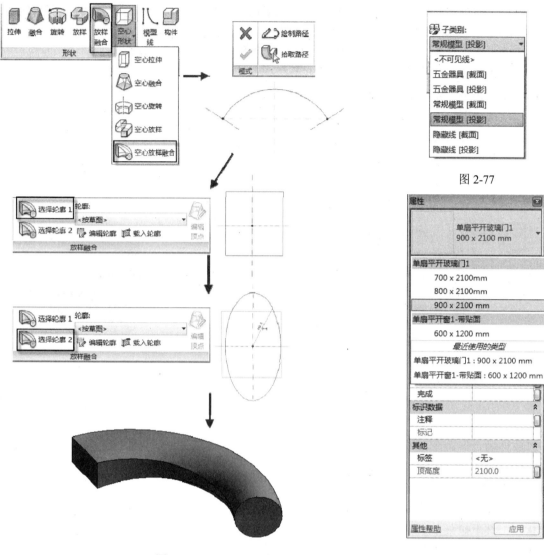

图 2-77

图 2-78

图 2-76

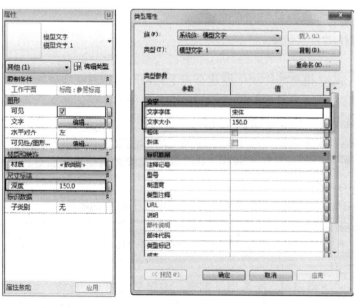

图 2-79

3. "控件"面板

"控件"命令（见图2-80）用于将翻转箭头添加到视图中。在项目中，可以通过翻转箭头来修改族的水平或垂直方向。

图2-80

4. "连接件"面板

"连接件"命令用于将电气连接件、风管连接件、管道连接件、电缆桥架连接件、线管连接件添加到构件中。

（1）电气连接件：用于电气连接中，这些连接包括数据、电力、电话、安全、火警、护理呼叫、通信及控制。

（2）风管连接件：用于与管网、风管管件及属于空调系统的其他相关联的构件。

（3）管道连接件：一个与管道、管件及用来传输流体的其他构件。

（4）电缆桥架连接件：用于将硬梯或槽式电缆桥架及其管件附着到构件中。

（5）线管连接件：用于将硬线管管件附着到构件中。

5. "基准"面板

（1）"参照线"命令。参照线用于在创建构件时提供参照，或为创建的构件提供限制。

直线参照线可以提供四个参照平面，弯曲参照线可以定义两个参照平面，如图2-81所示。

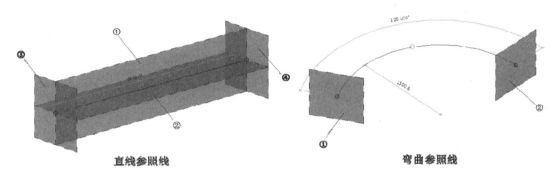

直线参照线   弯曲参照线

图2-81

（2）"参照平面"命令。"参照平面"是构件创建过程中的参照，也可以对所创造的构件进行限制。

在进行标注时，必须将实体与参照平面锁定，对参照平面进行标注，由参照平面之间的标注对实体进行控制。

参照平面有以下的属性：

1）墙闭合。

2）名称。在参照平面很多的情况下，对参照平面的名称进行定义，能够帮助区分。

3）是参照。"是参照"下拉菜单中的选项定义了参照平面在族用于项目中时不同的特性（见图2-82）。

a. 非参照：此参照平面在项目中将无法被捕捉到或标注尺寸。

b. 强参照：在项目中，被捕捉和尺寸标注最高优先级。

c. 弱参照：在项目中，被捕捉和尺寸标注优先级低于"强参照"，可能需要 Tab 键进行选择。

d. 左、中心（左/右）、右、前、中心（前/后）、后、底、中心（标高）、顶：此类参照在同一个族中只能使用一次，其特性类似于"强参照"。

4）定义原点。"定义原点"用于定义族的插入点。

族样板中，默认的三个参照平面，即 X、Y、Z 三个方向上已定义并锁定的参照平面，都已被勾选了"定义原点"，一般不要更改。

6. "工作平面"面板

（1）"设置"命令。"设置"命令用于为当前视图或所选基于工作平面的图元制定工作平面。有三种设置方式，如图 2-83 所示。

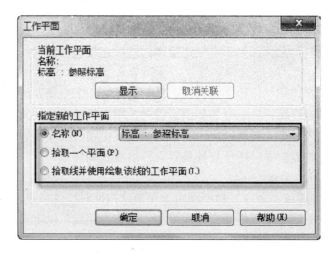

图 2-82　　　　　　　　　　　　　　　　　图 2-83

（2）"显示"命令。"显示"命令用于在视图中显示或隐藏工作平面。工作平面显示的大小可通过蓝色操作柄进行调整，如图 2-84 所示。

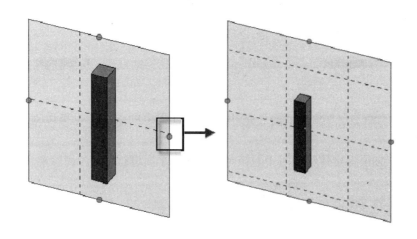

图 2-84

（3）"查看器"命令。工作平面查看器可用作临时的视图来编辑选定的图元。该视图将从选定的工作平面来显示图元，但此视图并不存在于项目管理器中。

2.1.2.3　插入

"插入"选项卡中包含"链接"、"导入"、"从库中载入"三个面板。

1. "导入"面板

可将 CAD、光栅图像和族类型导入到当前族中。

2. "从库中载入"面板

可以从本地族库或互联网中将族文件直接载入到当前文件中或作为组载入。

2.1.2.4　注释

"注释"选项中包含了"尺寸标注"、"详图"和"文字"面板。

1．"尺寸标注"面板

"尺寸标注"包含了"线性尺寸标注"、"角度尺寸标注"和"径向尺寸标注"三种标注类型，如图2-85所示。

尺寸标注的操作方法，以线性尺寸标注为例（见图2-86）：

（1）单击"注释"选项卡>"尺寸标注"面板>"对齐"命令。

（2）单击需要加入尺寸标注的一端的图元。

（3）将光标移动至另一端，单击左键，完成尺寸标注。

2．"详图"面板

（1）"符号线"命令。"符号线"用于创建仅用作符号，而不作为构件或建筑模型的实际几何图形其中某部分的线条。例如立面视图中门扇的开启方向。

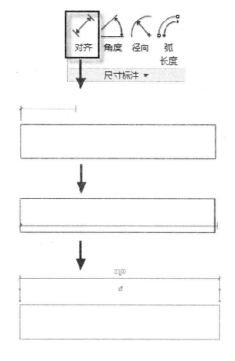

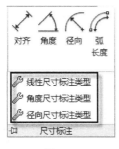

图 2-85   图 2-86

提示：与前文提到的"模型线"命令不同，模型线能够在所有视图中可见；而符号线能够在平面和立面上绘制，不能够在三维视图中绘制，且只能在其所会绘制的视图上可见，在其他视图中无法显示。

（2）"详图构件"命令。"详图构件"命令用于将试图专有的详图构件添加到视图中。若出现如图2-87中的对话框，请从族库中载入详图族，或者创建自己的详图族。

1）"详图组"命令。"详图组"命令（见图2-88）用于创建详图族，或在视图中放置详图组实例。详图组包含视图专有图元，如文字和填充区域。但不包括模型图元。

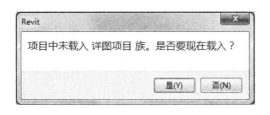

图 2-87   图 2-88

2）"符号"命令。"符号"命令用于在当前视图中放置二维注释图形符号。符号是视图专有的注释图元，它们仅显示在其所在的视图中。

3）"遮罩区域"命令。"遮罩区域"命令用于创建一个遮挡族中图元的图形。在创建二维族（如注释、详图、标题栏）时，可在项目或族编辑器中创建二维遮罩区域；在创建模型族时，可在族编辑器中创建三维遮罩区域。

3．"文字"面板

（1）"文字"命令。"文字"命令用于将文字（注释）添加到当前视图中。文字（注释）可根据视图自动调整，若视图比例改变，文字也将自动调整尺寸。

提示：与上文提到的"模型文字"命令不同。"模型文字"命令所创建的文字是三维文字，当族载入项目中使用时，在项目中可见；"文字"命令所创建的文字（注释）只能在族编辑器中看见，不会出现在项目中。

（2）"拼写检查"命令。"拼写检查"命令用于对选择集、当前视图或图纸中的文字注释进行拼写检查。

（3）"查找/替换"命令。"查找/替换"命令主要用于在打开的项目文件中查找并替换文字。

2.1.2.5 视图

视图选项卡包含"图形"、"创建"和"窗口"三个功能面板。

1．"图形"面板

（1）"可见性/图形替换"命令。"可见性/图形替换"命令用于控制模型图元、注释、导入和链接的图元以及工作集图元在视图中的可见性和图形显示，如图 2-89 所示。

图 2-89

（2）"细线"命令。"细线"命令可使屏幕上所有的线以单一宽度显示，与缩放级别无关，如图 2-90所示。

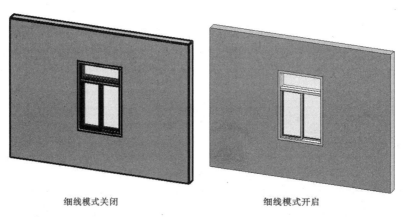

细线模式关闭　　　　　　　　　细线模式开启

图 2-90

2．"创建"面板

（1）"默认三维视图"命令。"默认三维视图"命令在默认三维视图中，可利用 View Cube 修改视图方向等。

（2）"剖面"命令。"剖面"命令用于创建剖面视图。可以在平面、剖面、立面和详图视图中创建剖面视图。

（3）"相机"命令。"相机"命令可将相机放置在视图中，通过相机的透视图来创建透视三维视图。具体操作，如图 2-91 所示。

1）单击"视图"选项卡>"创建"面板>"相机"命令。

2）在选项栏设定标高和偏移量。

3）选择适当位置单击鼠标左键放置相机。

4）单击左键选择透视点，生成透视图。

5）调整三维透视图的范围框及视觉样式等；可通过编辑视图属性中的"视点高度"和"目标高度"来修改透视图。

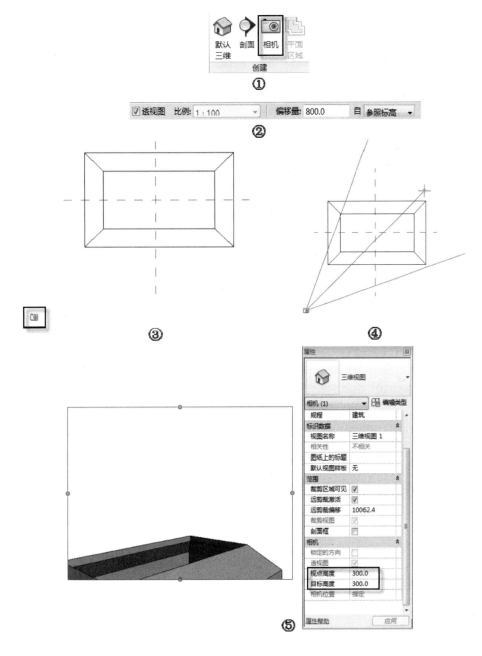

图 2-91

（4）"平面区域"命令。当部分视图由于构件高度或深度不同而需要设置与整体视图不同的视图范围时，可定义平面区域。视图中的多个平面区域不能彼此重叠，但它们可以具有重合边。

3. "窗口"面板

（1）"切换窗口"、"关闭隐藏对象"、"复制"、"层叠"和"平铺"命令。

以上均用于对当前绘图区域中绘图窗口显示状态的设置。

（2）"用户界面"命令。"用户界面"命令用于控制用户界面组件（包括状态栏和项目浏览器）的显示（见图 2-92）。在下拉菜单最下方，可对软件中的快捷键进行设置。

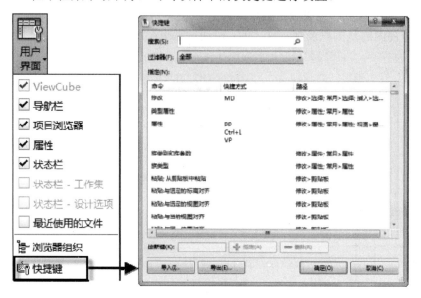

图 2-92

2.1.2.6　管理

"管理"选项卡中包含了"设置"、"管理项目"、"查询"和"宏"四个功能面板。

1. "设置"面板

（1）"材质"。单击"管理"选项卡>"设置"面板>"材质"命令，弹出如图 2-93 对话框。

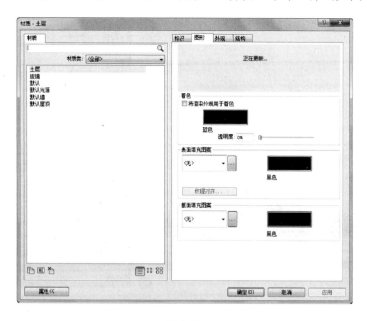

图 2-93

在此对话框中，包含了正在创建的族中所有的图元材质。可根据需要对现有的材质进行修改、重命名和删除，也可以复制现有的材质以创建新的材质。

（2）"对象样式"。"对象样式"命令用于指定线宽、颜色和填充图案，以及模型对象、注释对象和导入对象的材质（见图 2-94）。此处的"对象样式"命令适用于整个项目，若要针对特定视图进行设

44

定，需使用上文中的"可见性/图形替换"命令。

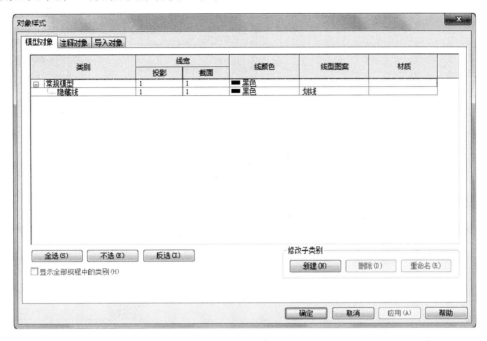

图 2-94

（3）"捕捉"。"捕捉"命令用于指定捕捉增量，以及启用或禁用捕捉点。

（4）"项目单位"。"项目单位"用于指定各种计量单位的显示格式。指定的格式将影响其在软件中和打印时的外观。此命令可对用于报告或演示目的的数据进行格式设置，如图 2-95 所示。

（5）"共享参数"。"共享参数"命令用于指定可在多个族和项目中使用的参数。使用共享参数可以添加组文件或项目样板中尚未定义的特定数据。共享参数储存在一个独立于任何族或项目的文件中，如图 2-96 所示。

（6）"传递项目标准"。"传递项目标准"命令用于将选定的项目设置从另一个打开的项目中复制到当前的族里来，项目标准包括填充样式、线宽、材质、视图样板和对象样式等，如图 2-97 所示。

（7）"清除未使用项"。"清除未使用项"命令用于从族中删除未使用的项，使用此工具能够缩小族文件的大小，如图 2-98 所示。

（8）"其他设置"。在"其他设置"的下拉菜单（见图 2-99）中，可对填充样式、线宽、线性图案、箭头、临时尺寸标注等进行设置。

2. "管理项目"面板

"管理项目"面板中的命令用于管理连接选项，如管理图像、贴花类型等。

3. "查询"面板

"查询"面板中的命令用于按 ID 选择的唯一标符来查找并选择当前视图中的图元。

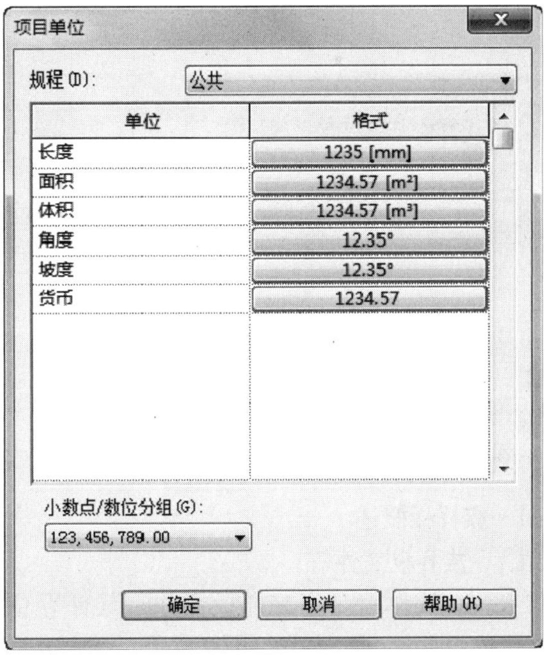

4. "宏"面板

"宏"面板用于支持宏管理器和宏安全，以便用户安全地运行现有宏，或者创建、删除宏。

图 2-95

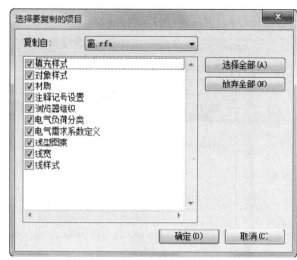

图 2-96   图 2-97

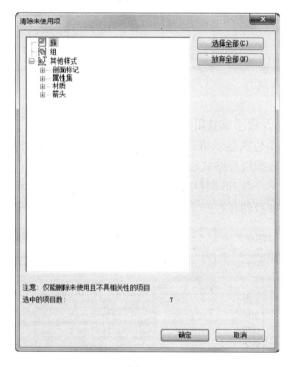

图 2-98   图 2-99

2.2 族样板

在创建族之前，需要选择合适的族样板。族样板是为族的建立而设定的样板文件。

2.2.1 族样板概述

2.2.1.1 族样板文件

Revit 软件自带有族样板文件，其储存位置为"X：\ProgramData\Autodesk\RAC 2012\Family Templates\Chinese"，如图 2-100 所示。

样板文件均以".rft"为后缀，在这些样板文件中包含有"注释"、"标题栏"和"概念体量"三个子文件夹，用于创建相应的族；其他族样板用于创建构件例如门、窗、幕墙、栏杆等。还有未规定使用用途的样板文件，如"公制常规模型.rft"。

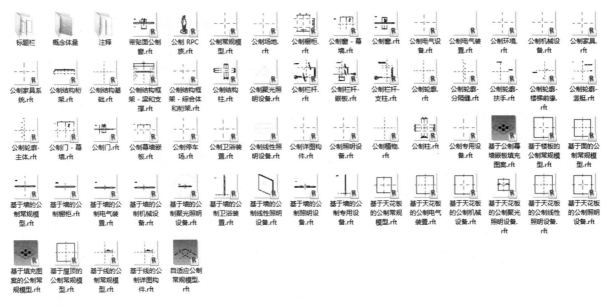

图 2-100

2.2.1.2 族样板共性

我们以"公制常规模型.rft"样板为例,来详细介绍族样板的共性。

1. 族样板打开方式

单击"应用程序菜单"按钮>"新建">"族"命令,弹出"新族-选择样板文件"对话框。选择"公制常规模型.rft"族样板,单击"打开"命令,如图 2-101 所示。

图 2-101

2. 参照平面及常用视图

打开"公制常规模型.rft"样板文件之后,默认视图为参照标高平面视图,在此平面视图中能够看到如图 2-102 所示的两个参照平面。

在项目浏览器中可以看到现有的所有视图(见图 2-103)。在立面视图中,均有参照标高和默认参照平面,在创建族的过程中需要注意,有一个参照平面与参照标高重合如图 2-104 所示。

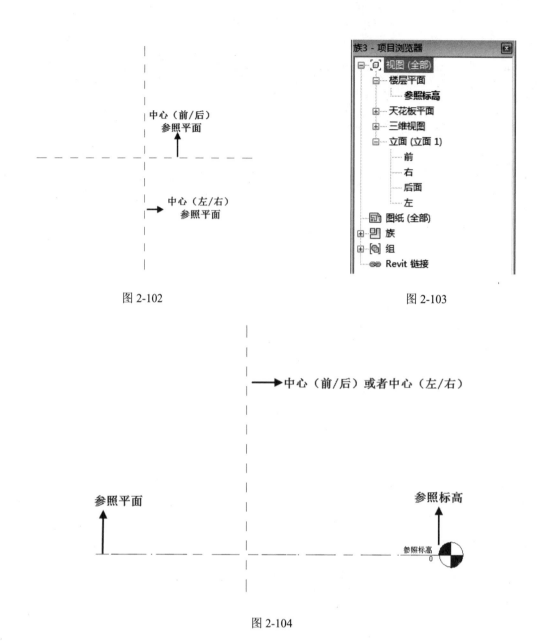

图 2-102 图 2-103

图 2-104

项目中所提供的参照平面和参照标高将被用于定义构件族的原点、绘制其他参照平面和定义族的几何图形。

2.2.1.3 族样板特性

不同的族样板拥有不同的特点，在下面的章节中我们会详细介绍不同族样板的具体功能。对于比较常见的特点总结如下。

1. 预设构件

在某些样板文件中，由于创建相应的族需要使用到辅助的构件，故预设有相应的常用构件或者实心几何图形。这些预设构件包含有相应的参数和尺寸标注。如图 2-105 所示，"公制窗.rft"预设有墙体。

当创建族的过程中没有用到预设构件时，可将预设构件和相关的参数删除。

2. 文字说明

在某些族样板中，会预设有文字提示，为族的创建过程提供指导和支持。在族创建完成后，可删除这些文字说明。图 2-106 为注释族"常规注释.rft"样板文件中的文字提示。

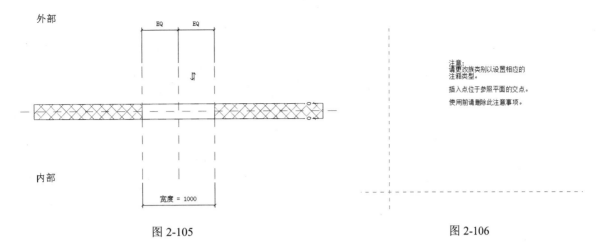

图 2-105   图 2-106

2.2.2 族样板分类

以族在项目（或族）中的使用方法来分类，族样板可以分为以下4种。

2.2.2.1 基于主体的样板

基于墙、天花板、楼板、屋顶和主体的样板，统称为"基于主体的样板"。利用基于主体的样板所创建的族必须依附于某一特定的图元上，即只有存在相对应的主体，族才能够被安放于项目之中。根据其主体的不同分类如下，见表2-1。

表 2-1

样 板 类 型	族 类 别	族 样 板
基于墙	门	公制门、公制门-幕墙
	窗	带贴面公制窗、公制窗、公制窗-幕墙
	橱柜	基于墙的公制橱柜
	电气设备	基于墙的公制电气装置
	机械设备	基于墙的公制机械设备
	照明设备	基于墙的公制聚光照明设备、基于墙的公制线性照明设备、基于墙的公制照明设备
	常规模型	基于墙的公制常规模型
	卫浴装置	基于墙的公制卫浴装置
	专用设备	基于墙的公制专用设备
基于天花板	电气设备	基于天花板的公制电气装置
	机械设备	基于天花板的公制机械设备
	照明设备	基于天花板的公制聚光照明设备、基于天花板的公制线性照明设备、基于天花板的公制照明设备
	常规模型	基于天花板的公制常规模型
基于楼板	常规模型	基于楼板的公制常规模型
基于屋顶	常规模型	基于屋顶的公制常规模型

在以上的样板中已经预设了主体，主体的存在是为了使族和主体之间的关系被明确定义，如是否嵌入、是否紧贴等。主体同样对所创建的族形成一定的约束作用，族会随着主体的移动、几何改变等变化进行相应的调整。

在基于墙的样板中，有部分样板文件例如"公制门.rft"、"公制窗.rft"，已经预设了洞口，在项目中使用由此类样板创建的族时，族会自动在墙上剪切洞口，如图2-107所示。

49

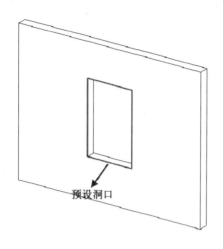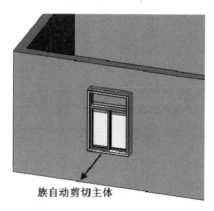

预设洞口　　　　　　　　族自动剪切主体

图 2-107

其他样板可以在创建族的过程中可以根据需要自定义洞口，这样在项目中使用时，该族会在相应主体（墙、楼板、天花板和屋顶）上自动剪切出洞口。

在创建族的过程中，可以通过对主体属性的修改，对主体的构造和图形进行修改。在族中对主体进行的修改，并不会影响到族在项目中使用中所放置的主体。

2.2.2.2　基于线的样板

使用基于线的样板的族拥有的特点是，在项目中使用时，此类族均采用两次拾取的形式在项目中放置。

"基于线的样板"可分为以下两种：一是三维中使用的实体构件创建时所使用的基于线的族样板；二是二维详图中所需的线性效果的族样板，如表 2-2 所示。

"基于线的公制常规模型.rft"样板用于创建三维构件族，"基于线的公制详图构件.rft"用于创建二维详图构件族。

2.2.2.3　基于面的样板

基于面的样板用于创建基于面的族，这类族在项目中使用时必须放置于某工作平面或者某实体的表面，不能够单独放置于项目之中而不依附任何平面或实体。

我们所指的"面"既包括系统族如屋顶、楼板、墙和天花板的表面，也包括了构件族如桌子、橱柜的表面。相比于"基于主体的族样板"来说，基于面的样板所创建的族，在项目中使用更加灵活。

表 2-2

族　类　别	族　样　板
常规模型	基于线的公制常规模型
详图项目	基于线的公制详图构件

表 2-3

族　类　别	族　样　板
常规模型	基于面的公制常规模型

提示：若族在使用时基于系统族的表面，则该族可对其主体进行修改，并在主体中进行复杂的剪切。

2.2.2.4　独立样板

独立样板用于创建不依附于主体、线、面的族。利用独立样板所创建的族可以防止项目中的任何位置不受主体约束，使用方式灵活。

独立样板可分为以下两种：一是创建三维构件族的样板；二是创建二维构件族的样板。

2.2.3　族样板详述

2.2.3.1　注释样板

1. 注释族样板的适用范围

注释族样板主要适用于各类注释符号族的创建，例如构件标记族、轴网标头族等。注释符号族特点是能够根据族中设置的选项自动提取构件信息，并根据图幅大小自动调整标记的大小以适应图形。

2. 注释族样板的分类

根据族样板所创建的注释符号族的使用特点，我们可以将之分为以下几种。

（1）注释：常规注释.rft。

（2）标头：M_标高标头.rft、M_轴网标头.rft、M_详图索引标头.rft、M_剖面标头。

（3）符号：M_高程点符号.rft。

（4）标记：M_常规标记.rft、M_立面标记指针.rft、M_立面标记主体.rft、M_门标记.rft、M_窗标记.rft、M_多类别标记.rft、M_房间标记.rft。

3. 注释样板使用特点

（1）注释族均为二维族，不能利用三维建模工具进行编辑，而只能出现在二维视图中。

（2）在某些样板中会有预设的详图线与文字提示，详图线可用于确定族的位置、方向及长度，而文字说明则是解释样板的基本使用方法。

（3）注释符号族样板中有特殊的"标签"功能。"标签"是为了反映族的属性，必须指定相应的属性值之后，标签才能在项目中显示。标签中可供选择的"类别参数"和可以支持添加的"参数类型"因"族类别"的不同而有所区别。例如，"M_窗标记.rft"与"M_房间标记.rft"可供选择的"类别参数"因族的使用范围不同而有很大区别，如图 2-108 所示。

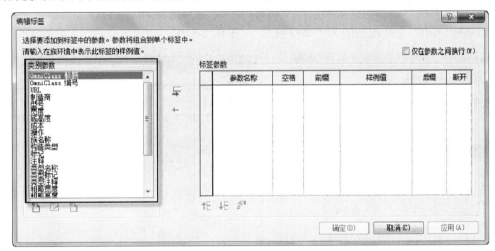

（a）"M_窗标记.rft"可供选择的类别参数

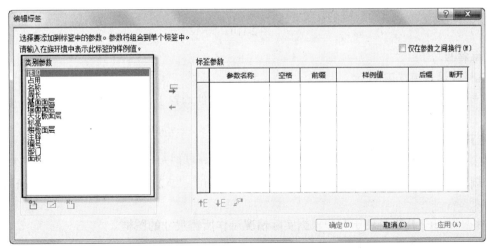

（b）"M_房间标记.rft"可供选择的类别参数

图 2-108

（4）"类别参数"用于表示对应类别的族的不同属性，当样板内本身存在的类别参数不能够满足使用者的要求时，则可以通过"添加参数"来新建所需参数，如图 2-109 所示。

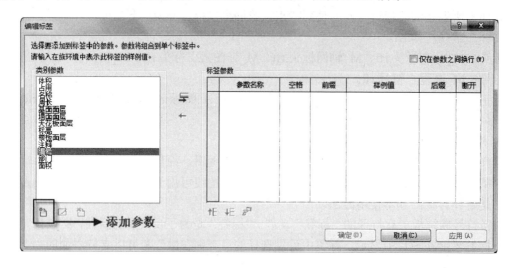

图 2-109

不同的族样板可支持添加的参数类型是不同的，例如"常规注释.rft"支持添加的参数为"族参数"，而"M_多类别标记.rft"支持添加的为"共享参数"（见图 2-110）。

 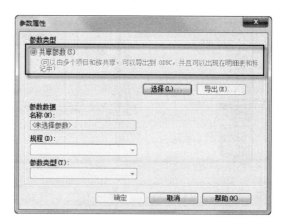

（a）"常规注释.rft"支持添加"族参数"　　　（b）"M_多类别标记.rft"支持添加"共享参数"

图 2-110

2.2.3.2　图框样板

1. 图框样板的适用范围

图框族样板用于创建图框族，在新建族时，其样板文件均置于"标题栏"文件夹中，如图 2-111 所示。

2. 图框样板的详述

软件中共提供了 6 个图框样板，其中包括 5 个常规尺寸样板和 1 个"新尺寸公制.rft"样板。

5 个常规尺寸样板分别为："A0 公制.rft"、"A1 公制.rft"、"A2 公制.rft"、"A3 公制.rft"、"A4 公制.rft"。

"新尺寸公制.rft"样板是便于客户根据实际情况制作所需尺寸的图框。

3. 图框样板使用特点

在添加标签的过程中，若可供选择的类型参数中没有所需要的参数时，必须添加参数，添加参数的类型为"共享参数"。因图框的重复使用率高，可将共享参数保存以使整套图纸使用同一图签。

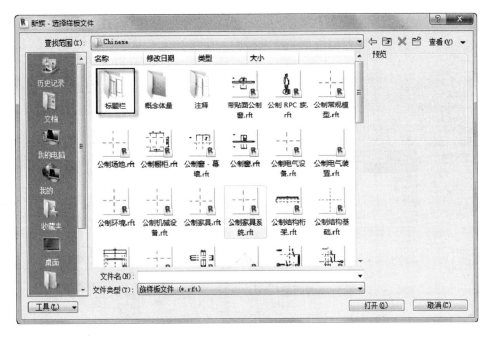

图 2-111

4. 轮廓

（1）轮廓族样板适用范围。轮廓族样板用于创建轮廓族。轮廓族是可用来生成三维几何图形的二维闭合形状，可以单独使用，也可组合使用。

（2）轮廓族样板特点。Revit 中提供的轮廓族共 6 个，每一个样板使用途径均不一样。

1）"公制轮廓.rft"。用于创建在项目文件中进行主体放样的所有轮廓。

2）"公制轮廓-主体.rft"。用于创建在项目文件中进行主体放样（墙饰条、屋顶封檐带、屋顶檐槽、楼板边缘）的轮廓族。

3）"公制轮廓-分隔缝.rft"。用于创建在项目文件中进行主体放样（墙分隔逢）的轮廓。

4）"公制轮廓-扶手.rft"。用于创建在项目设置扶手族的轮廓。

5）"公制轮廓-楼梯前缘.rft"。用于创建在项目文件中进行楼梯族的踏板前缘的设置。

6）"公制轮廓-竖梃.rft"。用于创建在项目文件中设置幕墙竖梃的轮廓族。

（3）轮廓族使用特点。

1）参数说明。在轮廓族已经设置的参数中，仅"轮廓用途"可进行调整，"轮廓用途"是为了确定轮廓族的使用范围。它可以确保在项目中使用轮廓族时，仅在可选项中列出。

2）参数设置。"轮廓用途"的设置可以在"属性"对话框或者功能区的"属性"面板中设置，如图 2-112 所示。

2.2.3.3 常规模型

1. 常规模型族样板的适用范围

公制常规模型族样板常用于创建三维构件族，在创建其他类别族时，若无法找到与之对应的预设族样板，也可以使用常规模型的族样板进行创建或修改。

2. 常规模型族样板的分类

根据创建环境的不同，我们将 Revit 提供的 8 个族样板进行如下的分类。

（1）标准族编辑器。公制常规模型.rft、基于面的公制常规模型.rft、基于线的公制常规模型.rft、基于墙的公制常规模型.rft、基于天花板的公制常规模型.rft、基于楼板的公制常规模型.rft、基于屋顶的公制常规模型.rft。

（2）概念设计环境。自适应公制常规模型.rft。

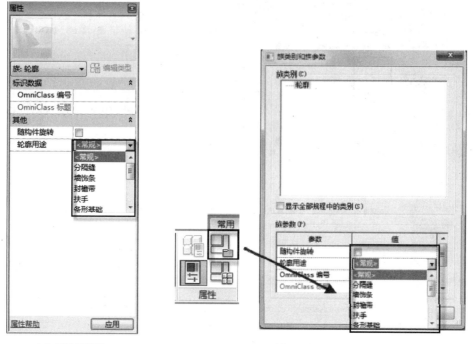

（a）属性对话框　　　　　　　　　　（b）"属性"面板中"族类别和族参数"

图 2-112

3. 常规模型族样板的详述

（1）"基于面的公制常规模型.rft"。"基于面的公制常规模型.rft"用于创建基于面的族，在族样板中设置有"默认高程"参数，通过单击修改/常用选项卡>"属性"面板>"族类型"按钮可见，如图 2-113 所示。

"默认高程"用于确定族加载到项目中时与主体表面的相对位置。

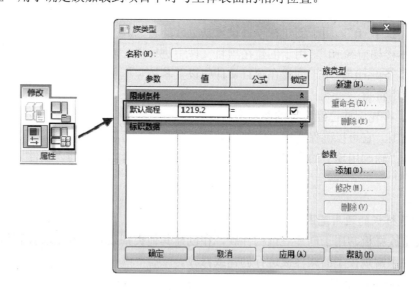

图 2-113

（2）"基于线的公制常规模型.rft"。"基于线的公制常规模型.rft"用于创建基于线的族，在族样板中设置有"长度"参数，通过单击修改/常用选项卡>"属性"面板>"族类型"按钮可见，如图 2-114 所示。

"默认高程"用于确定族加载到项目中时与主体表面的相对位置。

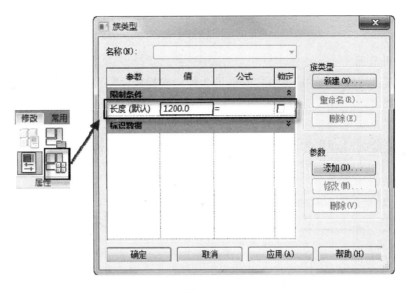

图 2-114

（3）基于天花板、楼板、屋顶、墙的公制常规模型。"基于墙的公制常规模型.rft"、"基于天花板的公制常规模型.rft"、"基于楼板的公制常规模型.rft"和"基于屋顶的公制常规模型.rft"都是用于创建基于主体的族，利用它们所创建的族在项目中使用时必须加载在项目中对应的主体上。

在项目中使用此类样板所创建的族时，需注意所创建构件的几何图形与主体图元的空间位置关系。

（4）"自适应公制常规模型.rft"。"自适应公制常规模型.rft"样板用于创建自适应构件，可作为嵌套族载入体量族内或直接应用于项目文件中。

2.2.3.4 详图项目

1. 详图项目族样板适用范围

详图项目样板用于创建详图项目族。详图项目族为二维族，利用详图项目族可以方便在建筑施工图设计中绘制大样详图。在项目中，可将其添加到详图视图或者绘图视图中，详图项目族仅能够在这些视图中可见。

2. 详图项目族样板特点

详图项目族的尺寸不随视图比例的变化而变化。若在项目中应用到不同比例的同一详图，可预设多种常用比例的族类型。

3. 详图项目族样板详解

Revit 中共提供了两种详图项目族样板，分别为"公制详图构件.rft"和"基于线的公制详图构件.rft"。

（1）"公制详图构件.rft"。"公制详图构件.rft"用于创建普通详图项目族。只能在二维视图中进行编辑和应用，不能用于三维视图。将详图构件族添加到项目中一共有两种方式，如图 2-115 所示。

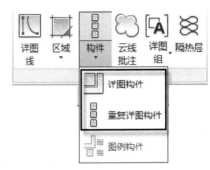

图 2-115

1）单击"注释"选项卡>"详图"面板>"构件"下拉菜单>"详图构件"按钮。

2）单击"注释"选项卡>"详图"面板>"构件"下拉菜单>"重复详图构件"按钮。

两者的不同之处在于，"详图构件"适用于所有详图构件族；"重复详图构件"适用于具有连续性的详图构件。

（2）"基于线的公制详图构件.rft"。"基于线的公制详图构件.rft"用于创建基于线的详图项目族。其特点是，使用时需单击两次确定起点与终点。

2.2.3.5 门

1. 门族样板适用范围

门族样板用于创建门族，在 Revit 中共提供了 2 种门族样板："公制门.rft"和"公制门-幕墙.rft"。

2. 门族样板详述

（1）"公制门.rft"。

1）预设构件。"公制门.rft"为基于墙的样板，在样板中预设有主体如图元，即"墙"。墙体上已经预先开设有洞口，同时还预设有门的常用构件"框架"，如图 2-116 所示。

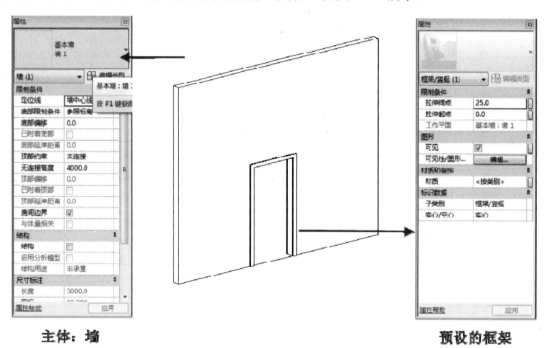

主体：墙 　　　　　　　　　　　　　　　　预设的框架

图 2-116

2）预设参数。在"公制门.rft"样板中预设有一部分参数，其具体作用如图 2-117 所示。

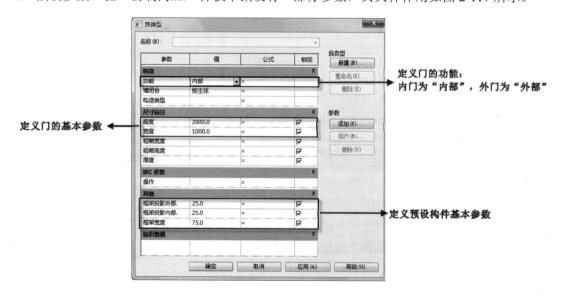

图 2-117

3）预设参照平面。如图 2-118 所示，在"公制门.rft"样板中预设有许多参照平面。

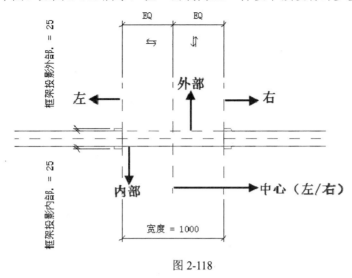

图 2-118

在这些参照平面中，参照平面"左"与"右"用于定义洞口宽度；参照平面"内部"与"外部"用于定义墙的内外边界。在创建门族的过程中，系统预设的参照平面不能轻易删除，它们关系到所创建的族在项目中使用时，与其放置的墙的精确定位。

（2）"公制门-幕墙.rft"。"公制门-幕墙.rft"样板中默认的族类别为"门"，其他设置与"公制幕墙嵌板.rft"基本相同。使用方式同"幕墙嵌板"。

2.2.3.6　窗

1. 窗族样板适用范围

窗族样板用于创建窗族，在 Revit 中共提供了 3 种窗族样板："公制窗.rft"、"带贴面公制窗.rft"和"公制窗-幕墙.rft"。

2. 窗族样板详述

（1）"公制窗.rft"。

1）预设构件。"公制窗.rft"样板是基于墙的样板，在样板文件中预设有主体，即"墙"。并在墙上预设有洞口，如图 2-119 所示。

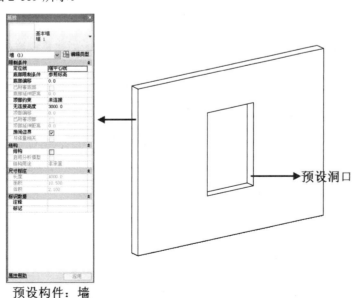

图 2-119

2) 预设参数。在"公制窗.rft"样板中预设有一些参数，其简要说明如图 2-120 所示。其中，"默认窗台高度"只能决定窗族在项目中放置时的位置，在放置之后需要调整实例参数"底高度"来进行窗族的位置。

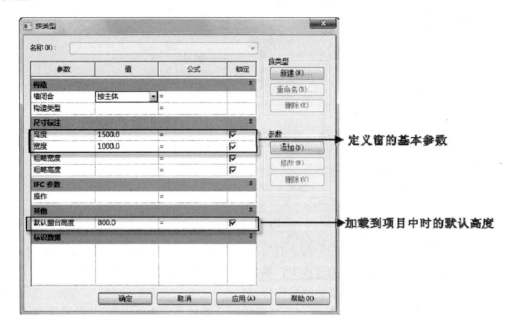

图 2-120

（2）"带贴面公制窗.rft"。

1）预设构件。与"公制窗.rft"一样，"带贴面公制窗.rft"中也预设有主体"墙"与洞口。样板中还预设有"贴面"构件，如图 2-121 所示。

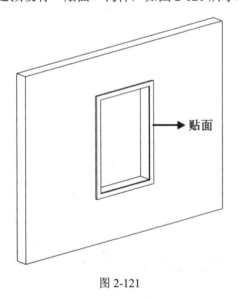

图 2-121

2）预设参数。"带贴面公制窗.rft"预设参数与"公制窗.rft"基本相同。

（3）"公制窗-幕墙.rft"。"公制窗-幕墙.rft"样板的默认族类别为"窗"，其他样板设置与"公制幕墙嵌板.rft"相同。

2.2.3.7　幕墙嵌板

1. 幕墙嵌板族样板适用范围

幕墙嵌板族样板用于创建幕墙嵌板族，在 Revit 中共提供了 3 种幕墙嵌板族样板："公制幕墙嵌板.rft"、"基于公制幕墙嵌板填充图案.rft"和"基于填充图案的公制常规模型.rft"。

2. 幕墙嵌板族样板详述

（1）"公制幕墙嵌板.rft"。在"公制幕墙嵌板.rft"中预设有"中心（左/右）"、"左"、"右"和"顶"参照平面，如图 2-122 所示。

样板中所设的参照平面可自动与项目中的"幕墙网格"发生关联，在创建幕墙嵌板时，仅需将嵌板的周边与参照平面锁定即可，如图 2-123 所示，不需要对嵌板的长宽高进行定义。

在锁定参照平面时应注意的是，嵌板底部必须与底部的参照平面锁定，而不能与参照标高锁定，锁定时，可利用 Tab 键进行选择。

（2）"基于公制幕墙嵌板填充图案.rft"与"基于填充图案的公制常规模型.rft"。"基于公制.rft"、"基于填充图案的公制常规模型.rft"两种样板均需在概念设计的环境中应用，用于创建形成模型表面填充图案或幕墙嵌板的构件族。这样的构件族通常是作为概念体量族的一部分的嵌套组而存在的。

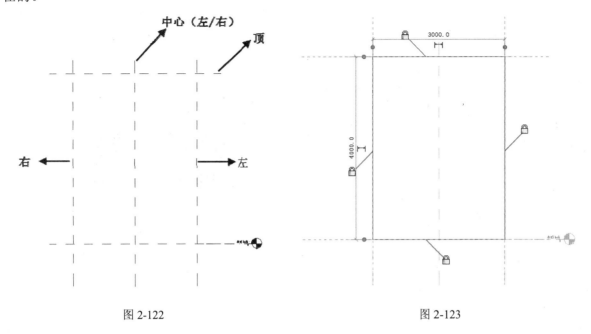

图 2-122   图 2-123

2.2.3.8 体量

体量族样板用于创建体量族，体量族可用于表达建筑的整个形体。在 Revit 中仅提供了"公制体量.rft"一个体量族样板。体量族是一个特殊的族类别，其族文件被载入到项目后不具备任何建筑性质。

2.2.3.9 柱、结构柱

1. 柱样板适用范围

柱与结构柱分别对应有不同的样板文件，即"公制柱.rft"和"公制结构柱.rft"，分别用于创建建筑柱与结构柱。

2. 柱样板详解

（1）"公制柱.rft"。在"公制柱.rft"样板中预设有两个标高平面，分别为"高于参照标高"和"低于参照标高"（见图 2-124）。这两个平面用于关联项目中的柱所在楼层标高和上层楼层标高，将所创建的柱与两个平面上的参照平面锁定即可使柱随层高的变化而变化。

（2）"公制结构柱.rft"。"公制结构柱.rft"用于创建结构柱，结构柱与建筑柱不同。

1）在结构柱中，设有分析线，可通过导入分析软件进行分析。

2）结构柱可倾斜放置。

3）结构柱可与结构图元，如梁和基础，相连接。

4）可对混凝土结构柱进行配筋。

2.2.3.10 照明设备

1. 照明设备族样板适用范围

照明设备族样板用于创建各种具有照明或光源功能的族。

2. 照明设备族样板分类

Revit 中共提供了 9 种族样板用于创建照明设备。根据光源的特点，如图 2-125 所示，可进行如下分类。

（1）一般照明设备。"公制照明设备.rft"、"基于墙的公制照明设备.rft"、"基于天花板的公制照明设备.rft"。

（2）线性照明设备。"公制线性照明设备.rft"、"基于墙的公制线性照明设备.rft"、"基于天花板的公制线性照明设备.rft"。

（3）聚光照明设备。"公制聚光照明设备.rft"、"基于墙的公制聚光照明设备.rft"、"基于天花板的公制聚光照明设备.rft"。

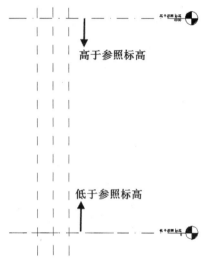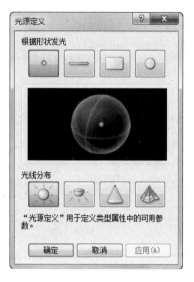

图 2-124   图 2-125

3. 照明设备族样板特点

（1）根据所创建的族的发光以及使用特点选择合适的光源。

（2）根据产品样本设置参数值，尤其是光域如图 2-126 所示。

图 2-126

2.2.3.11 环境、植物族

1. 植物环境族样板适用范围

植物环境族样板用于创建环境、植物族，即 RPC 族。

2. 植物环境族样板适用特点

Revit 中共提供了 3 种 RPC 族样板，即"公制 RPC 族.rft"、"公制环境.rft"和"公制植物.rft"。RPC

族可以脱离模型，单独控制其在各个视图中的外观和渲染外观。可用在族中建立的模型来进行渲染，也可用 RPC 中的贴图来进行渲染，后者的渲染效果非常真实。

2.2.3.12　栏杆

1. 栏杆族样板的适用范围

栏杆族样板用于创建栏杆族，栏杆族包括栏杆的垂直杆件、垂直板构件和垂直构件。Revit 中共提供了 3 种栏杆族样板，分别为"公制栏杆.rft"、"公制栏杆-嵌板.rft"和"公制栏杆-支柱.rft"。

2. 栏杆族样板详述

（1）"公制栏杆.rft"。

1）预设参数。在"公制栏杆.rft"样板中预设有一部分参数，如图 2-127 所示。

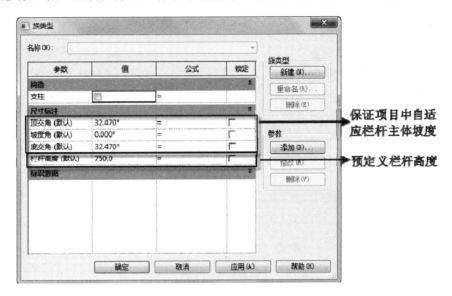

图 2-127

2）预设参照平面。在"公制栏杆.rft"样板中预设有一部分参照平面，如图 2-128 所示。

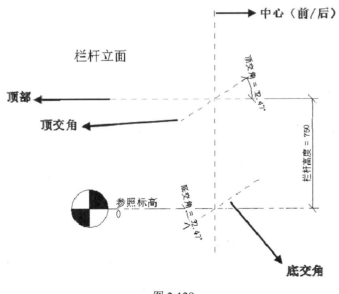

图 2-128

其中，"顶交角"与"底交角"用以映射楼梯或坡道栏杆的倾斜角度，以确保在项目中，栏杆族中倾斜参照平面能自适应栏杆主体（即楼梯与坡道）并随主体角度的变化而变化。

（2）"公制栏杆-嵌板.rft"。

1）预设参数。除添加了参数"嵌板宽度"外，"公制栏杆-嵌板.rft"中的其他预设参数与"公制栏杆.rft"中相同，如图 2-129 所示。

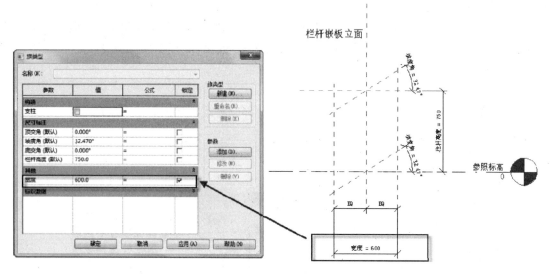

图 2-129

2）预设参照平面。在"公制栏杆.rft"的基础上，"公制栏杆-嵌板.rft"中添加了"前"、"后"两个参照平面，用于控制嵌板宽度，如图 2-130 所示。

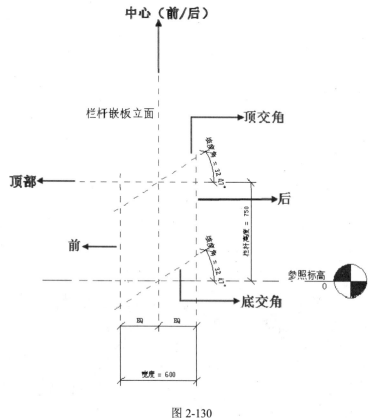

图 2-130

（3）"公制栏杆-支柱.rft"。

1）预设参数。在"公制栏杆-支柱.rft"中预设有一部分参数，其简要说明如图 2-131 所示。

图 2-131

2）预设参照平面。在"公制栏杆-支柱.rft"样板中预设有参照平面，如图 2-132 所示。

其中，参照平面"顶部"用以定义"栏杆"的顶部，与"支柱顶部"进行区分。

2.2.3.13 家具、家具系统

"公制家具.rft"与"公制家具系统.rft"用于创建家具族与家具系统族。应注意区分的是，家具族是简单不复杂的家具组合如床、椅子等；家具系统族是家具组合及其组成构件，多为成套装配的家具。

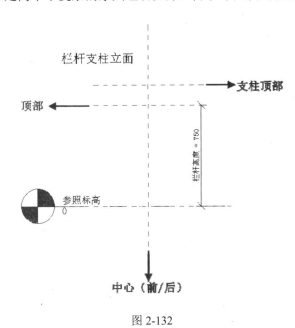

图 2-132

2.2.3.14 结构框架

1. 结构框架族样板用途

结构框架族样板用于创建结构框架族。结构框架即为通常所说的梁。

Revit 中提供了"公制结构框架-梁和支撑.rft"与"公制结构框架-综合体与桁架.rft"两种结构框架族样板。前者用于创建基于两点绘制的梁和支撑构件族，后者用于创建以参数控制长度的结构框架族。

2. 结构框架族样板详述

（1）"公制结构框架-梁和支撑.rft"。在"公制结构框架-梁和支撑.rft"样板中预设有构件、参照平面、模型线，如图 2-133 所示。

1）预设构件。在"公制结构框架-梁和支撑.rft"样板中预设有一个拉伸实体，以代表结构框架，可对该实体进行编辑，以达到使用需求。

2）预设模型线。"公制结构框架-梁和支撑.rft"中预设的模型线，在项目中可代替结构框架实体，以单线示意符号代替。

3）预设参照平面。在"公制结构框架-梁和支撑.rft"样板中预设的参照平面有"中心（左/右）"、"右"、"杆件右"、"单线示意符号右"、"左"、"杆件左"和"单线示意符号左"。

"右"、"左"参照平面是在项目中选中实体几何图形时，显示操作柄的位置，用以控制结构框架的长度。

"杆件右"、"杆件左"是几何图形的物体边缘，用以控制结构框架的剪切长度。

"单线示意符号右"、"单线示意符号左"是当族中的族参数符号表示法设置为"从族"的时候，用以控制单线示意符号的长度。

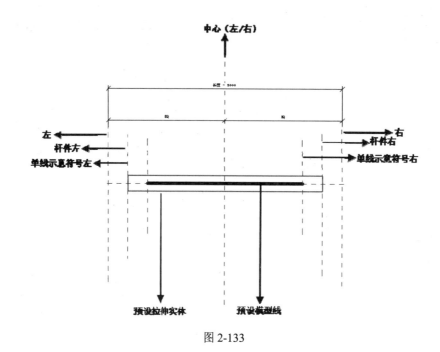

图 2-133

（2）"公制结构框架-综合体与桁架.rft"。用"公制结构框架-综合体与桁架.rft"样板所创建的族，是通过对族中插入点的设置来实现族在项目中与标高相对位置的确定。其在项目中的长度只能通过族中设定的参数进行控制。

2.2.3.15　结构基础

结构基础族样板"公制结构基础.rft"用以创建结构基础族，包括独立基础、条形基础、筏型基础、桩基础等。

当基础几何图形拥有两个底面，如图 2-134 所示，可选择属性对话框中的"管帽"参数（见图 2-135），用以控制基础的底部标高。

2.2.3.16　结构桁架

1. 结构桁架族样板适用范围

结构桁架族样板"公制结构桁架.rft"用于创建结构桁架族。利用"公制结构桁架.rft"所创建的是二维结构桁架族，故并没有立面与三维视图（见图 2-136）。在项目中使用时，能够创建三维实体模型。

2. 结构桁架族样板详解

（1）预设参数。在"公制结构桁架.rft"预设有一部分参数，如图 2-137 所示。

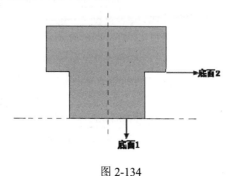

图 2-134

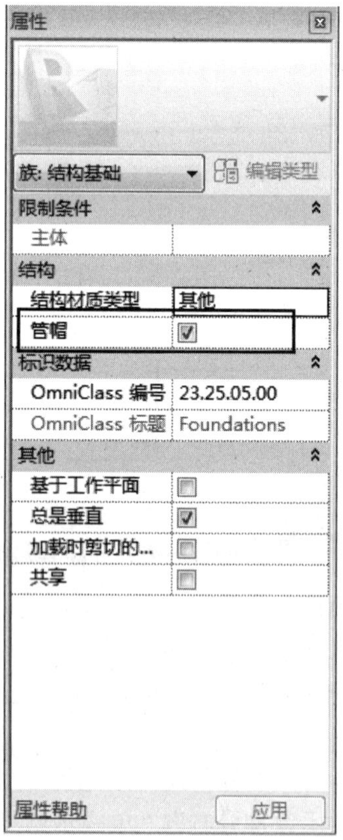

图 2-135

图 2-136 图 2-137

"腹杆符号缩进"对桁架在项目中的影响如图 2-138 所示。

勾选"腹杆符号缩进"

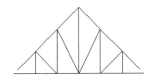

不勾选"腹杆符号缩进"

图 2-138

（2）预设参照平面。"公制结构桁架.rft"预设有参照平面，如图 2-139 所示。参照平面"左"、"右"用于确定桁架在项目中的起点和终点。

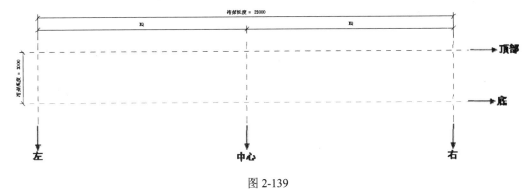

图 2-139

2.2.3.17　结构连接

虽然 Revit 中没有设立专门的结构连接样板，但是在族类别中设有"结构连接"的类别，如图 2-140 所示。

2.2.3.18　卫浴装置

卫浴装置样板"公制卫浴装置.rft"与"基于墙的公制卫浴装置.rft"用于创建卫浴装置族。在族样板中预设有参数，如图 2-141 所示。

WFU：排水当量（Water Fixture Unit）

HWFU：热水当量（Hot Water Fixture Unit）

CWFU：冷水当量（Cold Water Fixture Unit）

当量是单个卫浴装置的流量，通过对 WFU、HWFU、CWFU 的设定并与连接件中流量参数相关联，就可获得整个管路的总当量。

图 2-140

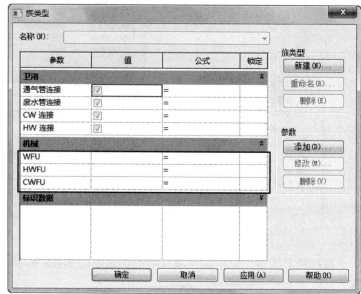

图 2-141

第3章 注释族的创建

注释符号族是项目的基本组成部分，在项目中用于对构件进行标记、创建注释符号等。在项目中，注释族可以根据构件已经定义的参数信息自动提取所需的数据以创建标记，符号族可以在平面或者立面视图中创建标高、高程点等符号。

注释族样板适用于注释、标记、标头、符号、标题族的创建。从使用上来讲，族类别默认为样板名。

注释族是通过在族中关联所需的参数，在项目中对构件相关参数进行定义，来创建标记。而符号族，则是直接或者间接地被应用于创建符号。而高程点符则是直接根据插入点的标高进行标记。

3.1 创建标头类注释族

3.1.1 标高标头

创建步骤如下。

（1）选择样板文件。单击 Autodesk Revit Architecture 2012 界面左上角的"应用程序菜单"按钮>"新建">"族"，如图 3-1 所示。

在"新族-选择样板文件"对话框中，双击打开"注释"文件夹，选择"M_标高标头"，单击"打开"，如图 3-2 所示。

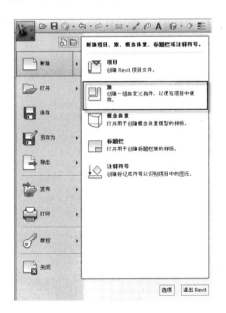

图 3-1

图 3-2

（2）绘制标高符号。单击"常用"选项卡>"详图"面板>"直线"命令 按钮，线的子类别选择标高标头，如图 3-3 所示。

绘制标高符号，一个等腰三角形，符号的尖端在参照线的交点处，如图 3-4 所示。

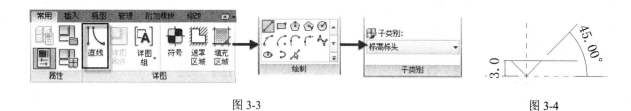

图 3-3   图 3-4

（3）编辑标签。单击"常用"选项卡>"文字"面板>"标签"命令，选中"格式"面板中的"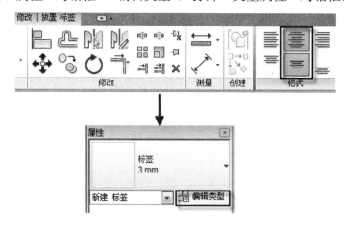"
和"■"按钮，单击"属性"对话框>"编辑类型"，打开"类型属性"对话框，如图 3-5 所示。

图 3-5

可以调整文字大小，文字字体，下划线是否显示等。复制新类型 3.5mm，按照制图标准，将文字
大小改成 3mm 或者 3.5mm，宽度系数改成 0.7，单击"确定"，如图 3-6 所示。

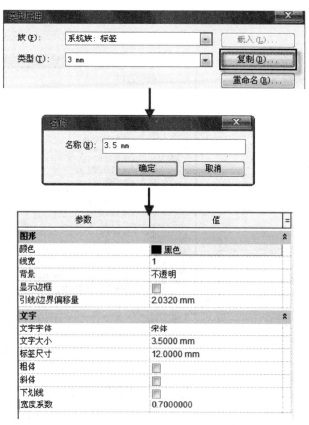

参数	值	=
图形		☆
颜色	■ 黑色	
线宽	1	
背景	不透明	
显示边框	☐	
引线/边界偏移量	2.0320 mm	
文字		☆
文字字体	宋体	
文字大小	3.5000 mm	
标签尺寸	12.0000 mm	
粗体	☐	
斜体	☐	
下划线	☐	
宽度系数	0.7000000	

图 3-6

（4）添加标签到标高标头。单击参照平面的交点，以此来确定标签的位置，弹出"编辑标签"对话框，在"类别参数"下，选择"立面"，单击"⇨"按钮，将"立面"参数添加到标签，单击"确定"，如图3-7所示。

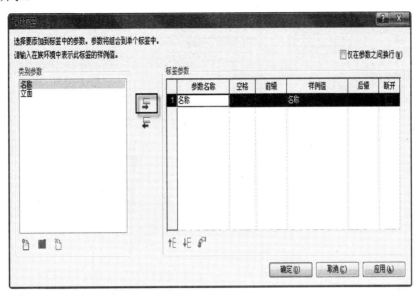

图 3-7

可以在样例值栏里写上想使用的名称，比如"1"等，编辑参数样例值的单位格式，单击"✐"，出现对话框，按照制图标准，标高数字应以米为单位，注写到小数点以后第三位，再单击两次"确定"，如图3-8所示。

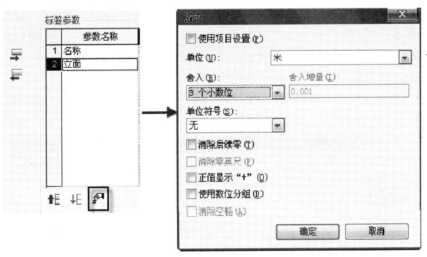

图 3-8

续添加名称到标签栏，将立面和名称的标签类型都改成3.5mm。将样板中自带的多余的线条删掉，结果只留标高符号和标签，如图3-9所示。

（5）载入项目中测试。将创建好的族另存为"M_标高标头"，单击"族编辑器">"载入到项目中"命令，将创建好的标高标头载入项目中。进入项目里的东立面视图，单击"常用"选项卡>"基准"面板>"标高"命令，单击"属性"面板>"类型属性"命令，弹出"类型属性"对话框，调整类型参数，在符号栏里使用刚载入进去的符号，如图3-10所示，单击"确定"。

图 3-9

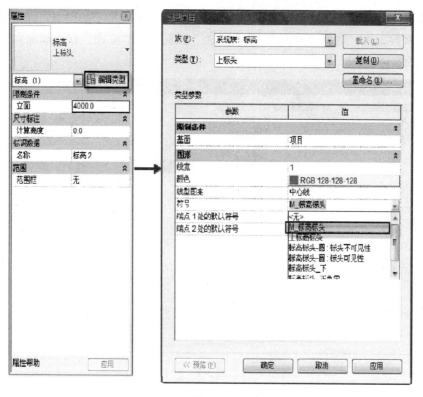

图 3-10

单击"确定",绘制标高,如图 3-11 所示,测试完成。

3.1.2 轴网标头

创建步骤如下。

(1)选择样板文件。单击 Autodesk Revit Architecture 2012 界面左上角的"应用程序菜单"按钮>"新建">"族"。

在"新族-选择样板文件"对话框中,双击打开"注释"文件夹,选择"M_轴网标头",单击"打开",如图 3-12 所示。

图 3-11

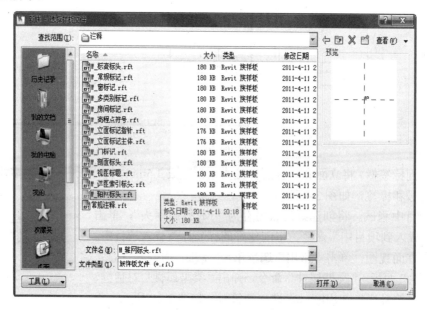

图 3-12

（2）绘制轴网标头。按照制图标准，轴号圆应用细实线绘制，直径为8～10mm。定位轴线圆的圆心，应在定位轴线的延长线上或延长线的折线上。

单击"常用"选项卡>"详图"面板>"直线"命令 按钮，线的子类别选择轴网标头。先删除族样板中的引线和注意事项。绘制一个直径为9mm的圆，圆心在参照线平面交点处，如图3-13所示。

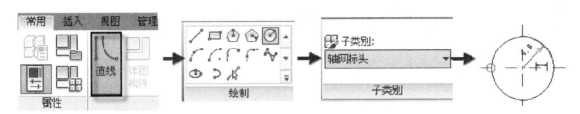

图 3-13

（3）添加标签到轴网标头。单击"常用"选项卡>"文字"面板>"标签"命令，选中"格式"面板中的" "和" "按钮。单击参照平面的交点，以此来确定标签的位置，弹出"编辑标签"对话框，在"类别参数"下，选择"名称"，单击" "按钮，将"名称"参数添加到标签，样例值上随便写上一个数字或者字母，例如25，单击"确定"，如图3-14所示。

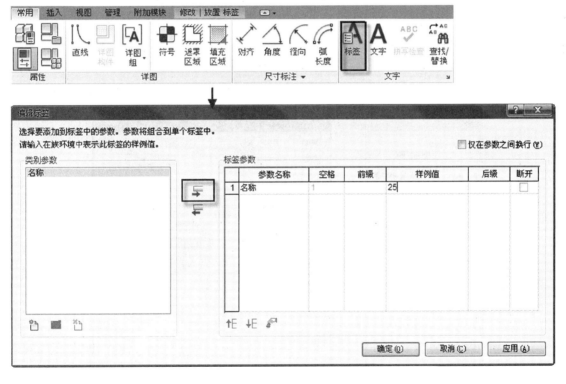

图 3-14

选中标签，单击"属性"对话框>"编辑类型"，打开"类型属性"对话框。复制新类型3.5mm，按照制图标准，将文字大小改成3mm或者3.5mm，宽度系数改成0.7，单击"确定"，如图3-15所示。

（4）载入项目中测试。将创建好的族另存为"M_轴网标头"。单击"族编辑器">"载入到项目中"命令，将创建好的轴网标头载入项目中。进入项目里的F1视图，单击"常用"选项卡>"基准"面板>"轴网"命令，单击"属性"面板>"类型属性"命令，弹出"类型属性"对话框，调整类型参数，在符号栏里使用刚载入进去的符号，如图3-16所示，单击"确定"。

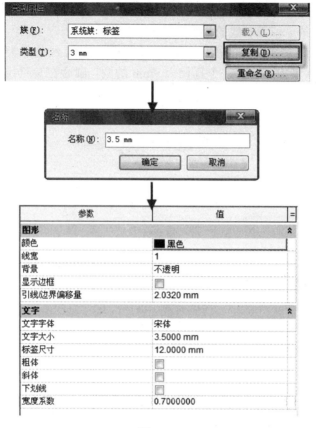

图 3-15

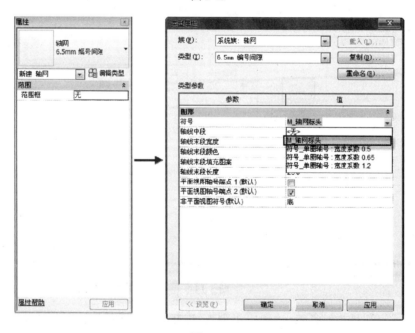

图 3-16

单击"确定",绘制轴网,如图 3-17 所示,测试完成。

图 3-17

3.1.3 详图索引标头

引用制图标准里关于索引符号与详图符号的规定，索引符号是由直径为 10mm 的圆和水平直径组成，圆及水平直径均应以细实线绘制。

索引符号应按下列规定编写：索引出的详图，如与被索引的详图同在一张图纸内，应在索引符号的上半圆中用阿拉伯数字注明该详图的编号，并在下半圆中间画一段水平细实线。索引出的详图，如与被索引的详图不在同一张图纸内，应在索引符号的上半圆中用阿拉伯数字注明该详图的编号，在索引符号的下半圆中用阿拉伯数字注明该详图所在图纸的编号，数字较多时，可加文字标注。索引出的详图，如采用标准图，应在索引符号水平直径的延长线上加注该标准图册的编号。

创建步骤如下。

（1）选择样板文件。单击 Autodesk Revit Architecture 2012 界面左上角的"应用程序菜单"按钮>"新建">"族"。

在"新族-选择样板文件"对话框中，双击打开"注释"文件夹，选择"M_详图索引标头"，单击"打开"，如图 3-18 所示。

图 3-18

（2）绘制详图索引标头。单击"常用"选项卡>"详图"面板>"直线"命令◎按钮，依据制图标准，绘制一个直径为 10mm 的圆，圆心在参照平面的交点处，再画一条水平直径，如图 3-19 所示。

（3）添加标签到详图索引标头标记。单击"常用"选项卡>"文字"面板>"标签"命令，选中"格式"面板中的"▤"和"▤"按钮。标签的类型选择 3.5mm，分别单击标头圆的上下半圆，添加"详图编号"标签到上半圆，"图纸编号"标签到下半圆。将样板中自带的"注意"删掉，结果只留详图索引符号和标签，如图 3-20 所示。

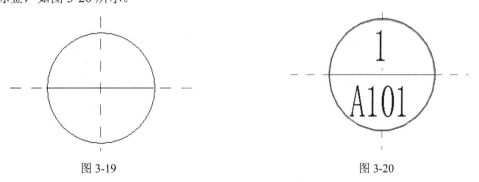

图 3-19   图 3-20

（4）载入项目中测试。将创建好的族另存为"M_详图索引标头"。单击"族编辑器">"载入到项目中"命令，将创建好的详图索引标头载入项目中。在项目中，单击"管理"选项卡>"设置"面板>

"其他设置"命令，在下拉菜单中，选择详图索引标记，单击弹出类型属性对话框。单击"复制"，将新类型名称命名为"详图索引标头，包括 3mm 转角半径 2"。将类型参数里图形参数详图索引标头的值选择刚刚载入的详图索引标头文件，如图 3-21 所示，单击"确定"。

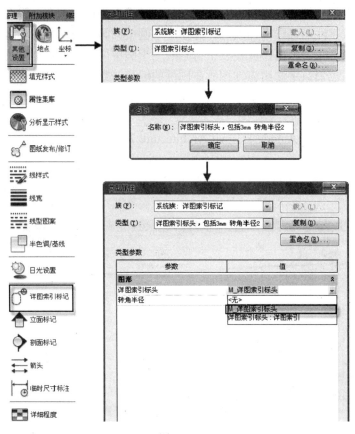

图 3-21

进入 F1 平面视图，单击"视图"选项卡>"创建"面板>"详图索引"命令，单击"属性"面板>"类型属性"命令，弹出类型属性对话框，调整类型参数，在详图索引标记栏里使用刚新建的详图索引标记类型，如图 3-22 所示，单击"确定"。

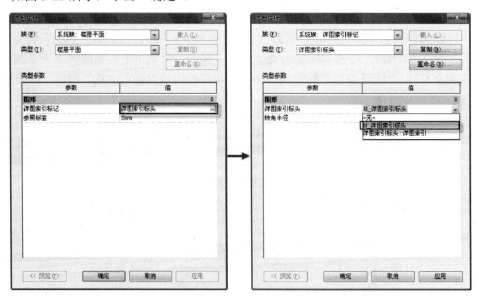

图 3-22

创建详图索引，这时会看到标记里面没有提取任何东西，需要将详图放在图纸里面才能自动提取出图号和图名，如图 3-23 所示。

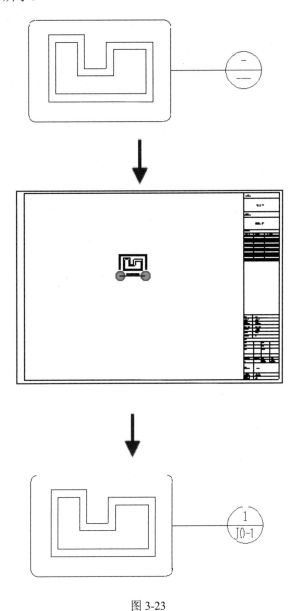

图 3-23

3.1.4 剖面标头 1

剖面标头 1 的创建与详图索引标头的创建步骤一样，制图标准也一样，所得到的图形也一样，只是样板文件要替换成"M_剖面标头"，这里就不多做赘述了。本小节主要是介绍剖面标头在项目中进行测试。

测试步骤如下。

（1）将创建好的族另存为"M_剖面标头 1"。单击"族编辑器"＞"载入到项目中"命令，将创建好的剖面标头载入项目中。

（2）单击"管理"选项卡＞"设置"面板＞"其他设置"命令，在下拉菜单中，选择剖面标记；单击弹出"类型属性"对话框。单击"复制"，将新类型名称命名为"剖面标记 1"，将类型参数里图形参数详图索引标头的值选择刚刚载入的剖面标头文件，如图 3-24 所示，单击"确定"，即可测试在项目里所创建的族文件是否可用。

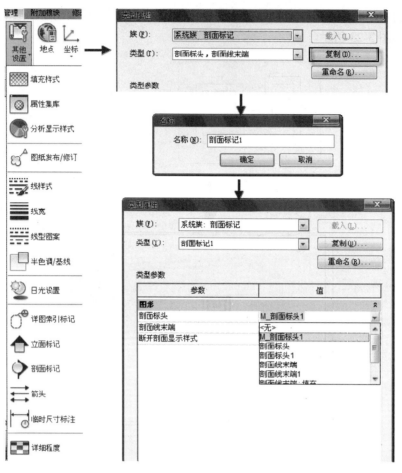

图 3-24

3.1.5 剖面标头末端 1

创建步骤如下。

（1） 选择样板文件。单击 Autodesk Revit Architecture 2012 界面左上角的"应用程序菜单"按钮 >"新建">"族"。

（2）在"新族-选择样板文件"对话框中，双击打开"注释"文件夹，选择"M_剖面标头"，单击 "打开"，如图 3-25 所示。

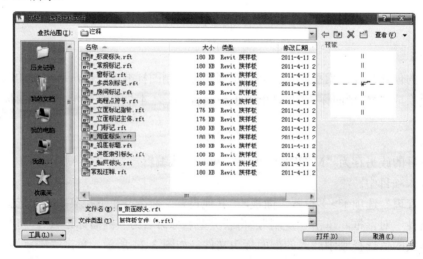

图 3-25

（3）调整对象样式。单击"管理"选项卡>"设置"面板>"对象样式"命令，弹出"对象样式"对话框，单击剖面标头，再单击右下角"新建"，新建子类别名称为"剖面符号"，线宽投影选择 4，如图 3-26 所示，单击"确定"。

图 3-26

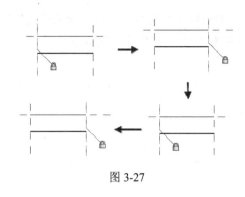

图 3-27

（4）绘制剖面标头末端符号。单击"常用"选项卡>"详图"面板>"直线"命令 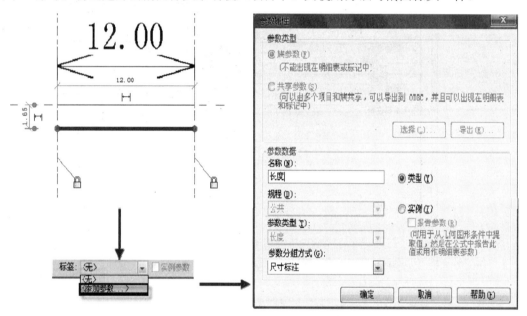 按钮，绘制线条，上下两线的子类别分别是"剖面标头"和"剖面符号"。将两条线条的端点分别与左右参照平面对齐锁定，如图 3-27 所示。

单击"注释"选项卡>"尺寸标注"面板>"对齐"命令，标注参照平面。选中标注，单击"标签">"添加参数"，弹出"参数属性"对话框，在"名称"栏输入"长度"，参数分组方式选择"尺寸标注"，单击"确定"，完成参数添加，如图 3-28 所示。

（5）载入项目中测试。将创建好的族另存为"M_剖面标头末端 1"。 单击"族编辑器">"载入到项目中"命令，将创建好的剖面标头末端载入项目中。其使用方法与剖面标头一样。

图 3-28

3.2 创建常规注释

以创建一个详图索引符号为例，详图索引符号用来注释详图所在的图纸和图号等信息。

创建步骤：

（1）选择样板文件。单击 Autodesk Revit Architecture 2012 界面左上角的"应用程序菜单"按钮>"新建">"族"。

在"新族-选择样板文件"对话框中，双击打开"注释"文件夹，选择"常规注释"，单击"打开"，如图 3-29 所示。

（2）绘制详图索引符号。将样板中自带的"注意"删掉，单击"常用"选项卡>"详图"面板>"直线"命令，依据制图标准，绘制一个直径为 10mm 的圆，圆心在参照平面的交点处，再画一条引线，如图 3-30 所示。

（3）添加标签到详图索引符号。单击"常用"选项卡>"文字"面板>"标签"命令，选中"格式"面板中的"▤"和"▤"按钮，标签的类型选择 3.5mm，单击圆的下半圆，进入"编辑参数"对话框。在"类别参数"栏添加参数。单击"添加参数"命令 🗋，添加"图纸编号"类别参数，参数类型选择文字，如图 3-31 所示，单击"确定"。

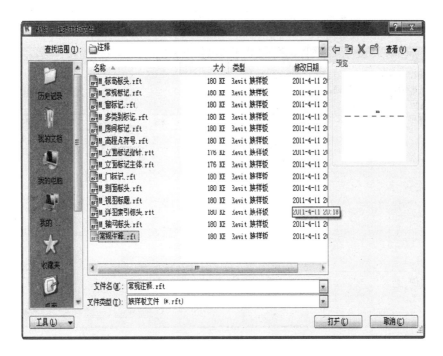

图 3-29

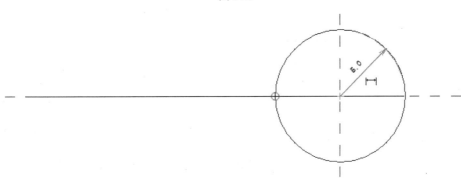

图 3-30

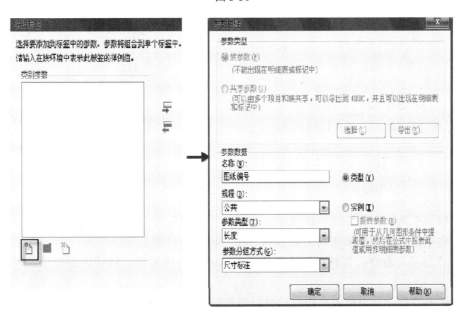

图 3-31

再将图纸编号添加到标签参数，样例值上写A101，单击"确定"，所得到的图形，如图3-32所示。

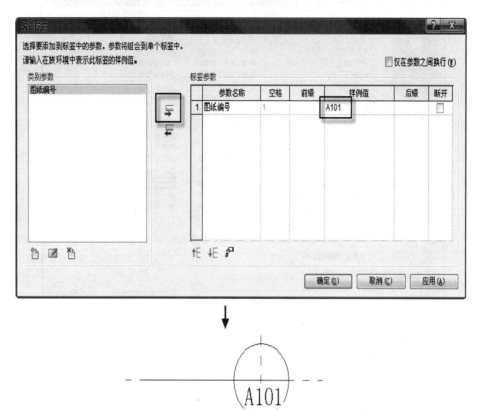

图 3-32

用相同方法依次添加新建"详图编号"、"图纸名称"、"注释"到类别参数，参数类型均选择文字，再添加到标签参数，样例值上分别写上"1"、"88J5"、"注释"（样例值可以按照自己的需要填写），标签的位置，如图3-33所示。

在属性里勾选随构件旋转等，如图3-34所示。

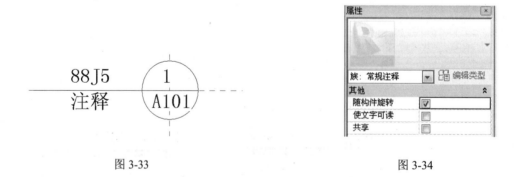

图 3-33   图 3-34

（4）载入项目中测试。将创建好的族另存为"详图索引符号"，单击"族编辑器"＞"载入到项目中"命令，将创建好的详图索引符号载入项目。进入项目里的平面视图，单击"注释"选项卡＞"符号"面板＞"符号"命令，属性栏里选择刚刚载入进去的符号族，放置详图索引符号，如图 3-35 所示。

单击详图索引符号，会出现四个问号，可以将问号手动更改为要表达的信息。更改的时候会出现一个确认对话框，单击"是"，如图3-36所示，测试完成。

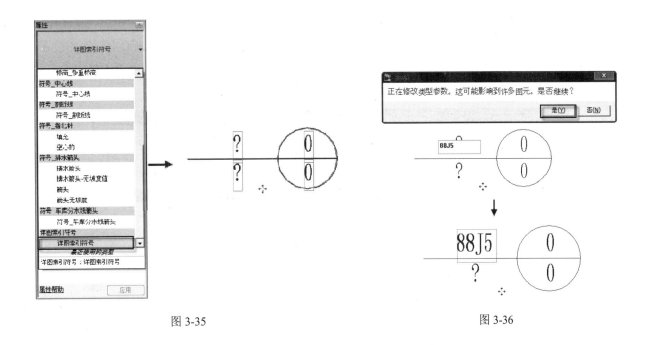

图 3-35

图 3-36

3.3 创建标记族

3.3.1 房间标记

创建步骤如下。

（1）选择样板文件。单击 Autodesk Revit Architecture 2012 界面左上角的"应用程序菜单"按钮>"新建">"族"。

在"新族-选择样板文件"对话框中，双击打开"注释"文件夹，选择"M_房间标记"，单击"打开"，如图 3-37 所示。

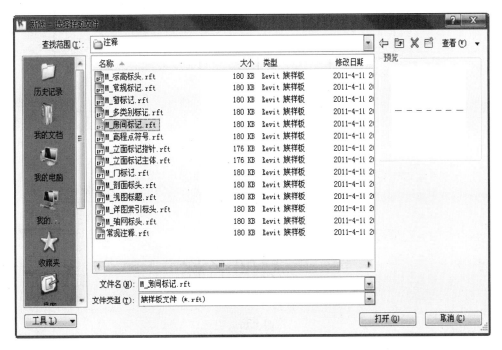

图 3-37

（2）添加标签到房间标记。单击"常用"选项卡>"文字"面板>"标签"命令，选中"格式"面板中的"▤"和"▤"按钮。标签的类型选择 3.5mm，单击参照平面的交点，以此来确定标签的位置，弹出"编辑标签"对话框，在"类别参数"下，选择"名称"，单击"⇥"按钮，将"名称"参数添加到标签，如图 3-38 所示，单击"确定"。

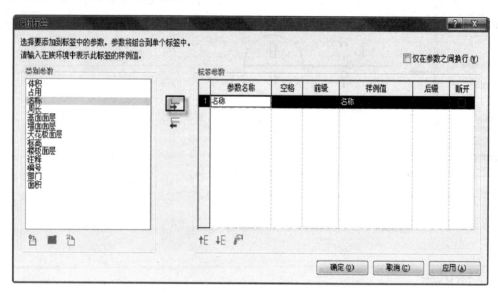

图 3-38

可以在样例值栏里写上想使用的名称，例如"房间名称"、"房间"等。再单击"确定"，如图 3-39 所示。

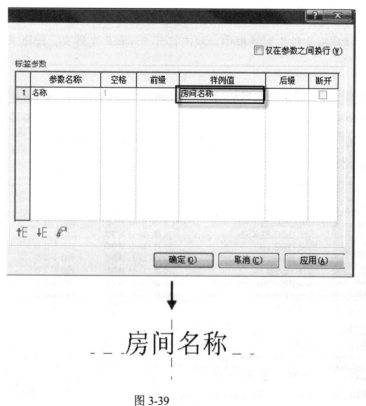

图 3-39

如果想要房间标记里含有面积，可以用相同方法添加 "面积"标签，样例值栏随便写个数字，单位为 m^2，比如"150m^2"，单击"确定"，最后得到房间标记，如图 3-40 所示。

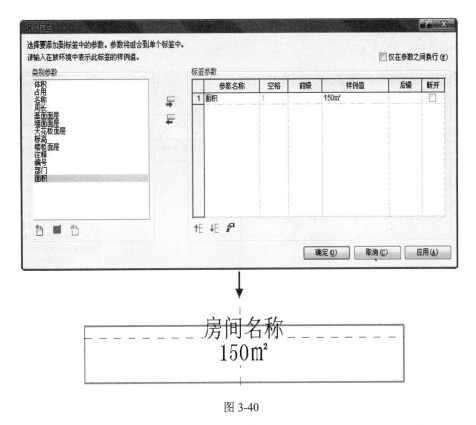

图 3-40

（3）调整面积的可见性设置。调整面积"150m²"的类型属性，单击标签，单击"可见"栏后面的 ▣，弹出"关联族参数"对话框。单击"添加参数"，弹出"参数属性"对话框，在名称栏里命名名称，例如"标记可见"，如图 3-41 所示，单击两次"确定"。

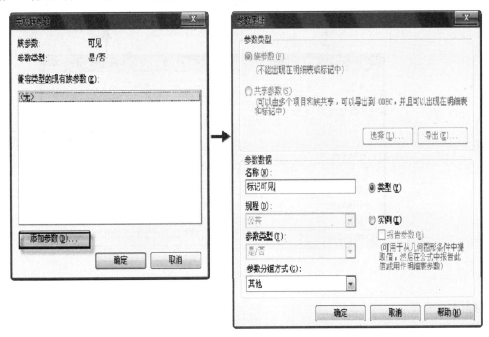

图 3-41

单击"族类型"，会看到标记可见已经在参数栏里了，如图 3-42 所示。

（4）载入项目中测试。将创建好的族另存为"M_房间标记"单击"族编辑器">"载入到项目中"命令，将创建好的房间标记载入项目中。进入项目里的 F1 视图，单击"常用"选项卡>"房间和面积"

面板>"房间"命令，单击"属性"面板>"属性"命令，弹出属性对话框，选择刚载入进去的符号，如图3-43所示，单击"确定"。

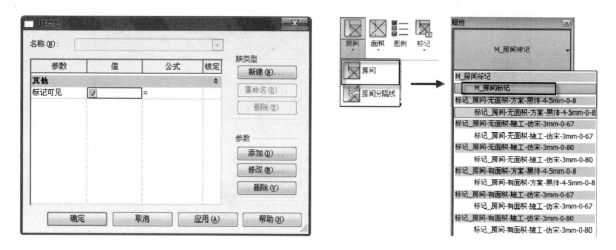

图 3-42   图 3-43

对房间进行标记，选中房间标记，单击"类型属性"命令，在弹出的类型属性对话框里，取消勾选面积可见，房间标记则不显示面积了，如图3-44所示，测试完成。

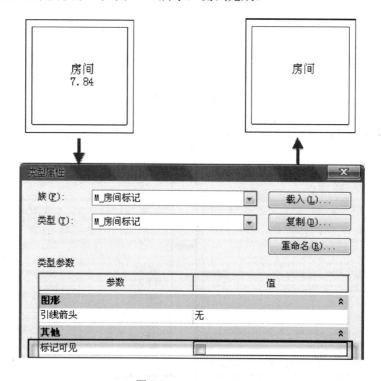

图 3-44

3.3.2 门窗标记

创建步骤如下。

（1）选择样板文件。单击 Autodesk Revit Architecture 2012 界面左上角的"应用程序菜单"按钮>"新建">"族"。

在"新族-选择样板文件"对话框中，双击打开"注释"文件夹，选择"M_窗标记"，单击"打开"，如图3-45所示。

图 3-45

（2）添加标签到门标记。单击"常用"选项卡>"文字"面板>"标签"命令，选中"格式"面板中的"▤"和"▤"按钮。标签的类型选择 3.5mm，单击参照平面的交点，以此来确定标签的位置，弹出"编辑标签"对话框，在"类别参数"下，选择"类型名称"，单击"⬇"按钮，将"类型名称"参数添加到标签，如图 3-46 所示，单击"确定"。

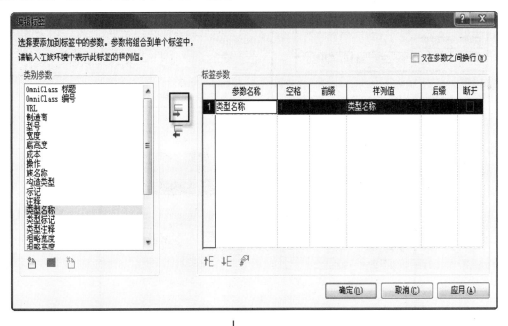

图 3-46

有时在项目里为便于统计，可以用相同方法将标记添加到标签参数里，再设置其可见性。最后得到房间标记，如图 3-47 所示。

在添加完标签后，要在类型属性里面勾上"随构件旋转"这一栏，如图 3-48 所示。

（3）调整标记的可见性设置。调整标记"li"的类型属性，单击"标签"，单击"可见"栏后面的 ⬛，弹出"关联族参数"对话框。单击"添加参数"，弹出"参数属性"对话框，在名称栏里命名名称，比如"标记可见"，如图 3-49 所示，单击两次"确定"。

图 3-48

图 3-47

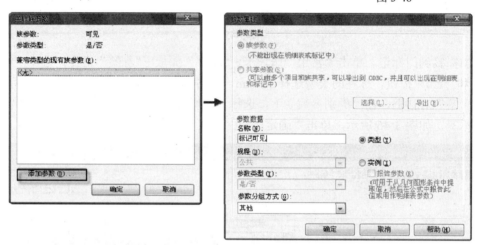

图 3-49

单击"族类型"，会看到标记可见已经在参数栏里了，如图 3-50 所示。

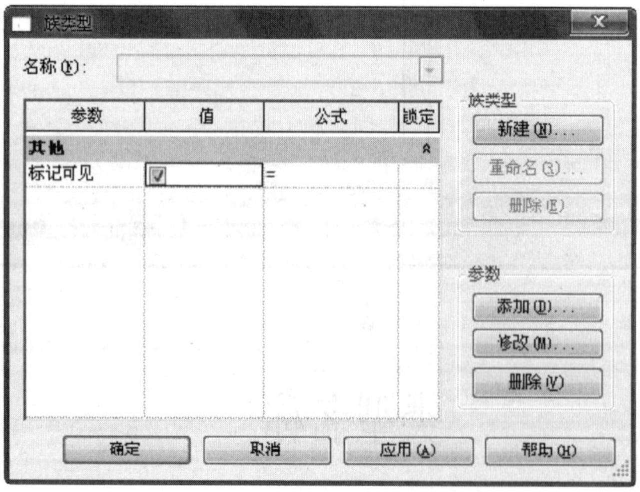

图 3-50

（4）载入项目中测试。将创建好的族另存为"M_窗标记"，单击"族编辑器">"载入到项目中"命令，将创建好的窗标记载入项目中。进入项目里的 F1 视图，单击"常用"选项卡>"构建"面板>"窗"命令，在墙上插入窗，窗标记也相应出现。选中门标记，单击"属性"面板>"属性"命令，弹出属性对话框，选择刚载入进去的符号，得到的窗标记，如图 3-51 所示。

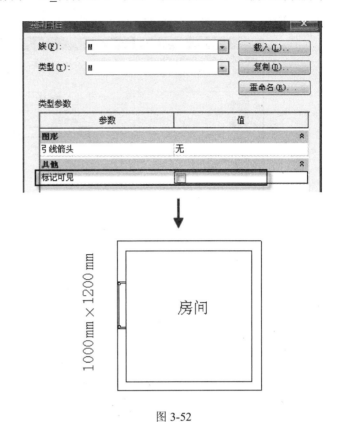

选中窗标记，单击"类型属性"命令，在弹出的类型属性对话框里，取消勾选标记可见，标记则不显示了，如图 3-52 所示，测试完成。

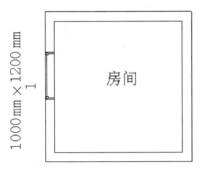

图 3-51

图 3-52

3.3.3 多类别标记

创建步骤如下。

（1）选择样板文件。单击 Autodesk Revit Architecture 2012 界面左上角的"应用程序菜单"按钮>"新建">"族"。

在"新族-选择样板文件"对话框中，选择"M_多类别标记.rft"，单击"打开"，如图 3-53 所示。

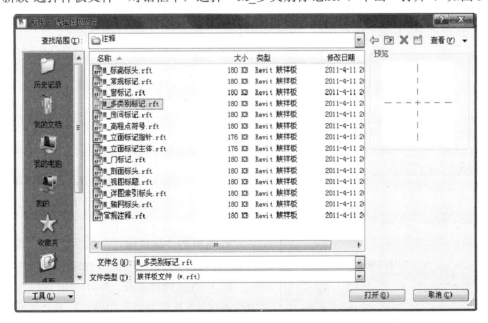

图 3-53

（2）添加标签到多类别标记。与创建门窗标记族类似，添加标签"族名称"、"类型名称"、"类型标记"，单击"确定"完成，添加完成后效果图，如图3-54所示。

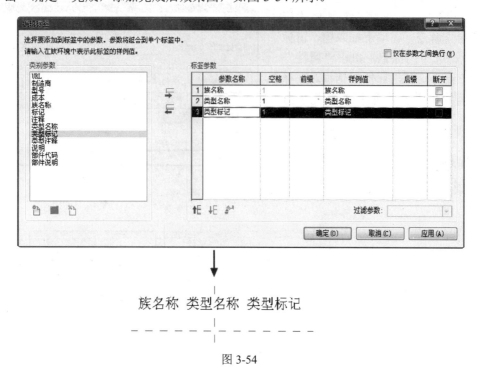

图 3-54

单击"常用"选项卡>"文字"面板"文字"命令，在绘图区域的标签前面添加文字"家具"，如图3-55所示。

（3）载入项目中测试。将创建好的族另存为"家具标记"，单击"族编辑器">"载入到项目中"命令，将创建好的家具标记载入项目中。单击"载入到项目中"。用此标记来标记一个家具族，单击"项目浏览器">"族">"注释符号">"家具标记">"家居标记"，将其拖入绘图区域中并选定，如图3-56所示，测试完成。

图 3-55

图 3-56

3.3.4 柱标记

柱标记族的创建需要用到共享参数。

图 3-57

创建步骤如下。

（1）打开项目文件。单击 Autodesk Revit Structure 2012 界面左上角的"应用程序菜单"按钮>"新建">"项目"。

在弹出的"新建项目"对话框中，选择样板为软件自带样板，单击"确定"，如图3-57所示。

（2）添加共享参数。单击"管理"选项卡>"设置"面板>"共享参数"命令，打开"编辑共享参数"对话框，如图3-58所示。

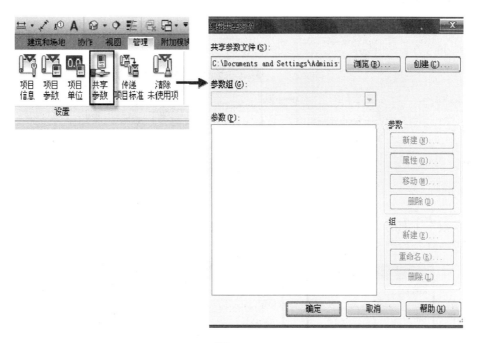

图 3-58

单击"编辑共享参数"对话框中的"创建"命令，给共享参数文件命名，保存在指定位置，如图3-59所示。

图 3-59

单击"组"下面的"新建"命令，在弹出的"新参数组"对话框中命名为"柱参数"，单击"确定"，如图3-60所示。

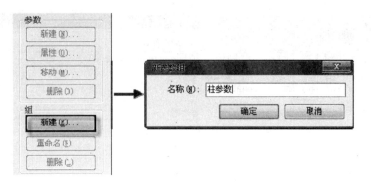

图 3-60

单击"参数"下面的"新建"命令，设置参数属性，然后依次新建参数，只是名称不一样，规程和文字都设置一样，如图 3-61 所示。

图 3-61

（3）将共享参数加载入项目中。单击"管理"选项卡>"设置"面板>"项目参数"命令，打开"项目参数"对话框，如图 3-62 所示。

图 3-62

单击"添加"命令，调整参数属性，单击"选择命令"，在弹出的"共享参数"对话框中选择参数，单击两次"确定"，如图 3-63 所示，依次将所有共享参数添加到项目中。

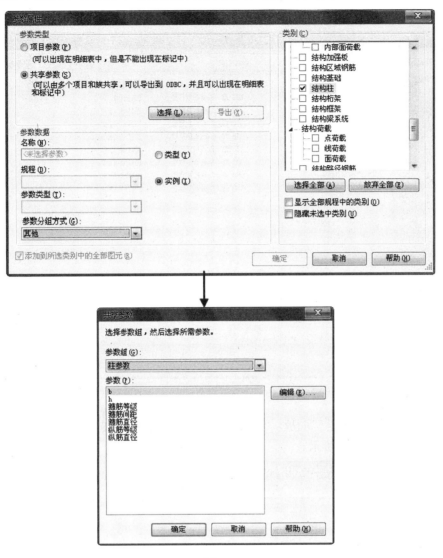

图 3-63

选中一根柱子，可以看到其实例属性，如图 3-64 所示。

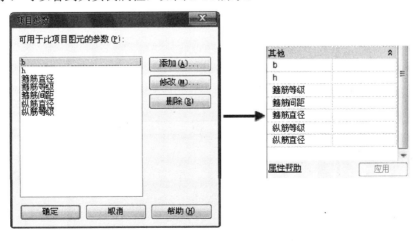

图 3-64

（4）创建注释族。单击 Autodesk Revit Structure 2012 界面左上角的"应用程序菜单"按钮>"新建">"族"。

在"新族-选择样板文件"对话框中，选择"常规注释.rft"，单击"打开"，如图 3-65 所示。

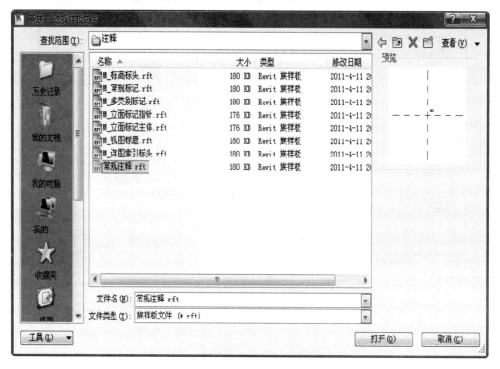

图 3-65

单击"常用"选项卡>"属性"面板>"族类别和族参数"命令，选择族类别为"结构柱标记"，勾选"随构件旋转"，如图 3-66 所示。

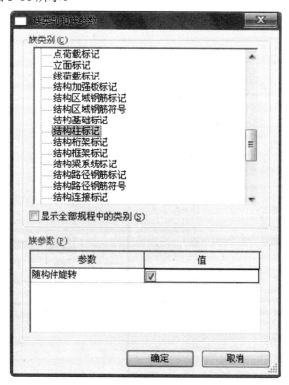

图 3-66

单击"常用"选项卡>"文字"面板"标签"命令，在空白处单击弹出"编辑标签"对话框，单击下面的"添加参数"命令，出现参数属性对话框，然后点击参数类型下的"选择"，出现"共享参数"对话框。选择一个参数，依次单击两次"确定"，将这个参数添加到类别参数中来，如图 3-67 所示。用相同方法将其他参数都添加到类别参数中来。

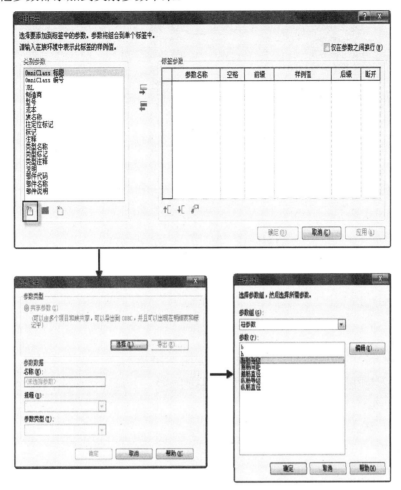

图 3-67

选择新添加进来的参数，单击"⇛"按钮，将其添加到标签，依次将共享参数都添加到标签参数中来，如图 3-68 所示。

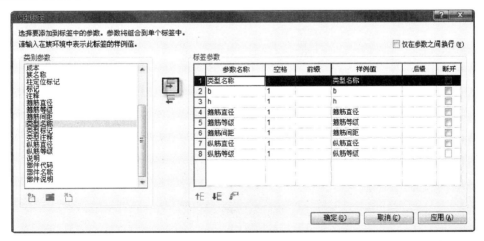

图 3-68

然后设置标签参数，如图3-69所示，单击"确定"完成标签参数的编辑。

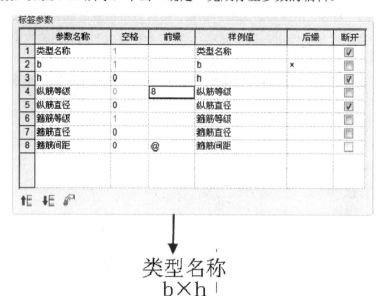

图 3-69

选中标签，编辑标签的类型属性及实例属性，如图3-70所示。

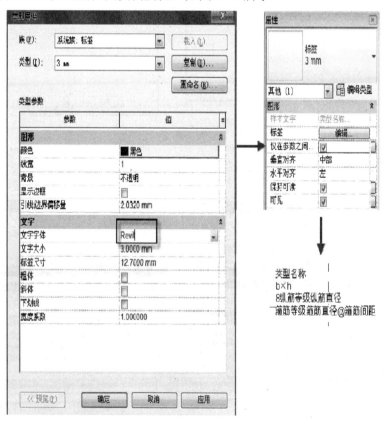

图 3-70

（5）载入项目中测试。将创建好的族另存为"柱标记"，单击"族编辑器">"载入到项目中"命令，将创建好的柱标记载入项目中。选中绘制的柱子，修改"属性"对话框>"其他"属性中刚才加的参数，后选择注释里的按类别标记，单击柱子，所要的柱标记就出来了，如图3-71所示，测试完成。要添加其他的柱子，就先修改柱子的实例属性，然后用按类别标记即可。

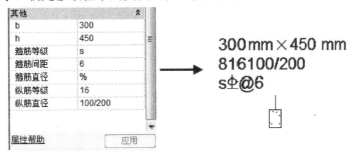

图 3-71

3.3.5　钢筋标记

创建步骤如下。

（1）打开样板文件，单击应用程序菜单按钮，单击"新建"侧拉菜单>"族"按钮。

（2）在弹出的"新族-选择样板文件"对话框中，双击打开"注释"文件夹，选择"M_常规标记.rft"样板文件，单击"打开"按钮，如图3-72所示。

图 3-72

（3）修改族类别。单击功能区"修改"或"常用"选项卡>"属性"面板>"族类别和族参数"按钮，根据实际需求选择钢筋标记的类别，如图3-73所示。

（4）添加标签。

1）单击功能区"常用"选项卡>"文字"面板>"标签"按钮，在格式面板中选择"居中对齐"与"正中"，在绘图区域内单击确定标签插入点。

2）弹出的"编辑标签"对话框中，在类别参数中选择"数量"，单击添加按钮，修改"空格"为1。同理，添加参数"类型名称"与"间距"，修改其"后缀"、"前缀"、"空格"等值后，如图3-74所示。单击"确定"完成标签编辑。

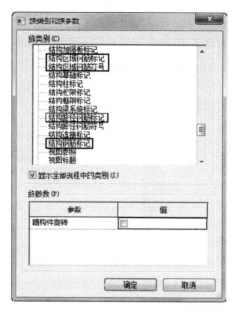

图 3-73

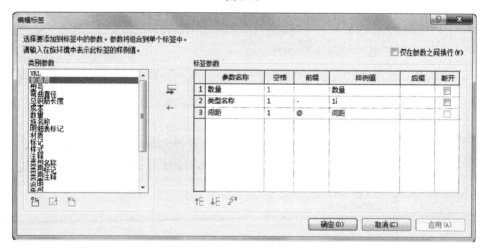

图 3-74

3）选择刚刚编辑的标签，高亮显示后，单击属性对话框中的"编辑类型"按钮。复制现有类型，重命名为"3.5mm"，修改字体大小为 3.5mm，修改宽度系数为 0.7，如图 3-75 所示。

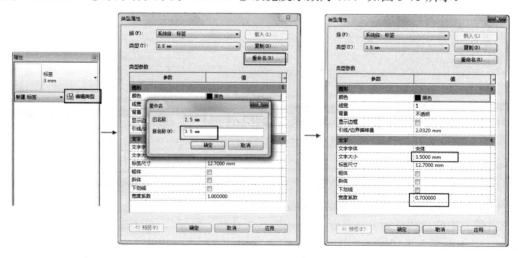

图 3-75

4）将钢筋标记载入项目中测试。将建好的族另存为"M_钢筋标记"，单击功能区中"载入到项目中"按钮⬜。单击"注释"选项卡>"标记"面板>"按类别标记"按钮⬜。

选择需要添加标记的钢筋，单击添加标记，如图3-76所示。

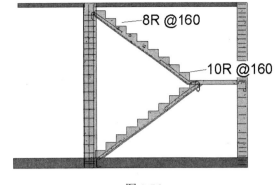

图 3-76

3.4 创建高程点符号

创建步骤如下。

（1）打开样板文件，单击应用程序菜单按钮⬜，单击"新建"侧拉菜单>"族"按钮。

（2）在弹出的"新族-选择样板文件"对话框中，双击打开"注释"文件夹，选择"M_高程点符号.rft"样板文件，单击"打开"按钮，如图3-77所示。

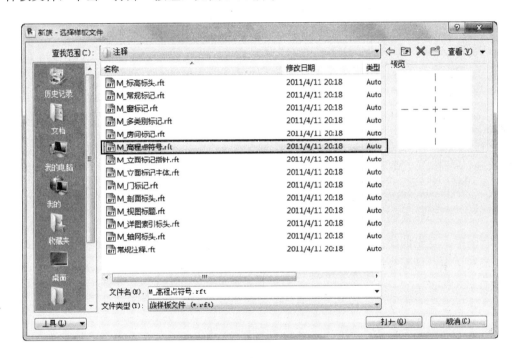

图 3-77

（3）单击"常用"选项卡>"详图"面板>"直线"命令⬜，绘制如图3-78所示图形。

（4）载入项目中进行测试。将建好的族另存为"高程点符号"，单击功能区中"载入到项目中"按钮⬜。在项目中，单击"注释"选项卡>"尺寸标注"面板>"高程点"按钮⬜，将高程点符号放置到所需位置，如图3-79所示。

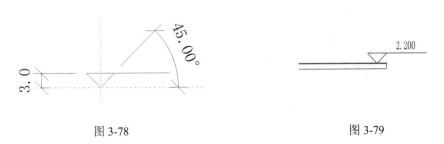

图 3-78   图 3-79

3.5 创建标题栏

创建步骤如下。

（1）打开样板文件，单击应用程序菜单按钮 ，单击"新建"侧拉菜单>"族"按钮。

（2）在弹出的"新族-选择样板文件"对话框中，双击打开"标题栏"文件夹，选择"A0 公制.rft"样板文件，单击"打开"按钮，如图 3-80 所示。

图 3-80

（3）绘制图框。首先调整线宽与线型，单击"管理"选项卡>"设置"面板>"对象样式"命令 ，进入对象样式对话框，调整标题栏和宽线的线宽，如图 3-81 所示。

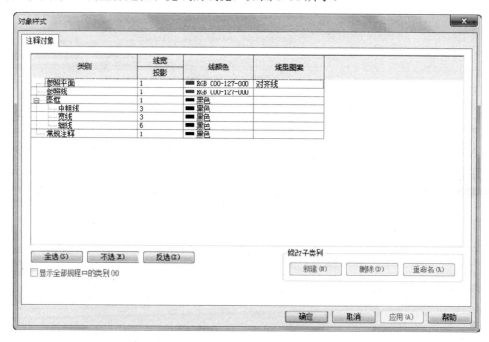

图 3-81

绘制线框。单击"常用"选项卡>"直线"命令，绘制线框，线框边距离原有边框左边 25mm，右、上、下均为 10mm，会签栏宽度为 65mm。选中内部主要边框线，将图元类型"线样式"改为"宽线"，其他的线条图元类型均为"图框"。绘制完成如图 3-82 所示。

图 3-82

（4）在标题栏中添加文字。单击"常用"选项卡>"文字"面板>"文字"按钮 ^{A}，打开"放置文字"的上下文选项卡，如图 3-83 所示。

图 3-83

在"属性"对话框中，可以调整文字大小、文字字体和下划线是否显示等。复制新建类型"A1-华文细黑-11"、"A1-华文细黑-12"、"A1-华文细黑-13"，三者的类型参数均如图 3-84 所示。

选择图元类型，汉字用"A1-华文细黑-11"，大栏目里相应的英文用"A1-华文细黑-12"，小栏目里相应的英文用"A1-华文细黑-13"，英文均用大写字母表示。单击需要添加文字的区域，添加文字，如图 3-85 所示。

（5）在标题栏中添加参数。单击"常用"选项卡>"注释"面板>"标签"命令 ^{A}，打开"放置标签"的上下文选项卡。选择需要的对齐方式与标签类型，单击绘图区域中要添加参数的区域，弹出"编辑标签"对话框，选择需要添加的类别参数，单击按钮并确定，将选中的类别参数添加到标题栏族中。

在标签栏族中，有些签字是需要手签的，比如说会签栏，这些栏里是不需要添加参数的，而在整套图纸中都相同的栏里，如项目名称、项目日期等，这些栏里是需要加参数的。

99

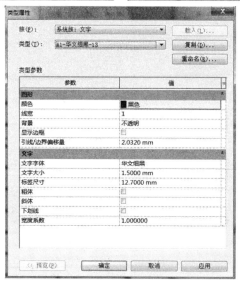

图 3-84

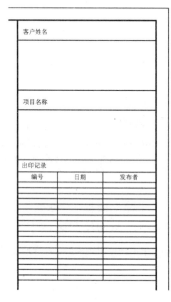

图 3-85

（6）将标题栏载入项目中测试。将建好的族另存为"A0_标题栏"，单击功能区中"载入到项目中"按钮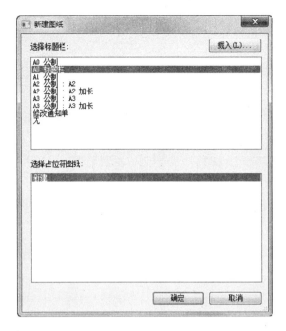。在项目中，单击"视图"选项卡>"图纸组合"面板>"图纸"按钮，弹出新建图纸对话框，如图3-86所示，选择刚制作载入的标题栏，单击确定，此时，标题栏被载入到项目中。

3.6 创建详图构件族

创建步骤如下。

（1）打开样板文件，单击应用程序菜单按钮，单击"新建"侧拉菜单>"族"按钮。

（2）在弹出的"新族-选择样板文件"对话框中，选择"公制详图构件.rft"样板文件，单击"打开"按钮，如图3-87所示。

（3）绘制土壤族图案。在素土夯实的图例符号绘制时，我们是以地坪的下表面为基线来绘制的，而这些图例是位于这条基线之下的，因此我们应该在第三象限和第四象限来绘制土壤的图例。

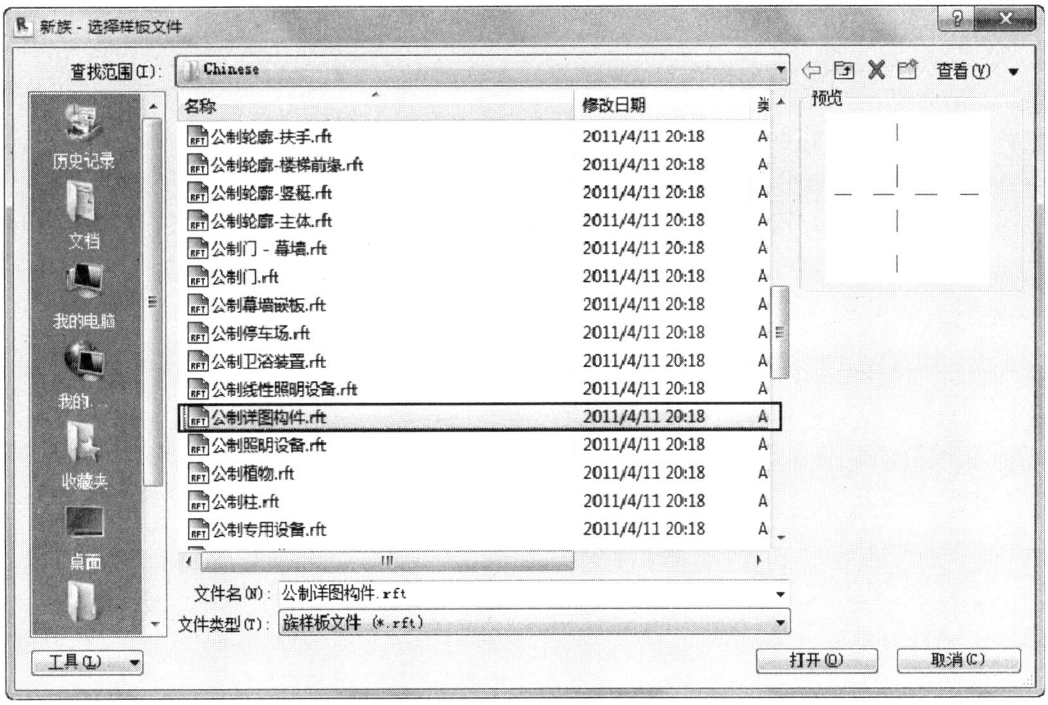

图 3-86

图 3-87

1）绘制参照平面并进行尺寸标注。以"公制详图构件.rft"的原有参照平面定位绘制两条参照平面，完成后进行标注，并进行锁定，绘制结果如图3-88所示。

2）添加尺寸参数。选择长度为300的尺寸标注，在选项栏中单击"标签"后的下拉按钮，选择"添加参数"，打开"参数属性"对话框，选择"参数类型"，参数分组方式选择尺寸标注，单击"确定"，如图3-89所示。

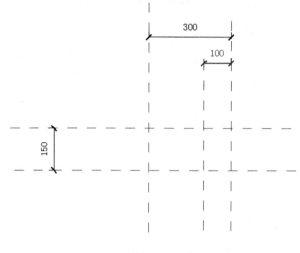

图 3-88

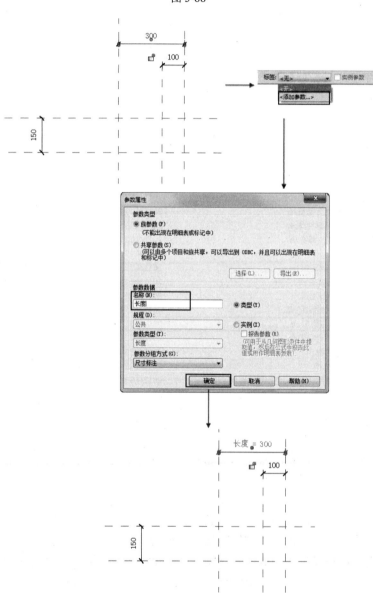

图 3-89

同理,将长度为 150 的尺寸标注添加厚度参数,将长度为 100 的尺寸标注添加间距参数,如图 3-90 所示。

3)添加参数公式。单击"常用"/"修改"选项卡>"属性"面板>"族类型"按钮 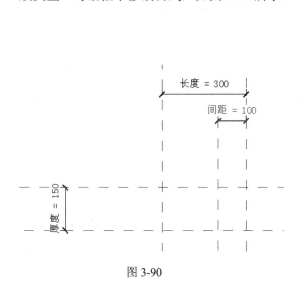,在弹出的 "族类型"对话框中修改公式,如图 3-91 所示。

图 3-90   图 3-91

4)绘制土壤符号。单击"常用"选项卡>"详图"面板>"直线"按钮,选择"轻磅线"子类别, 以间距 100 的参照平面为起点,绘制角度为 45°的第一条斜线,然后以 70 为距离水平复制 3 条,对 其进行尺寸标注,并均分,如图 3-92 所示。并将这四条直线的端点分别与对应的参照平面对齐。

单击详图面板的"直线"命令,绘制弧线,如图 3-93 所示。

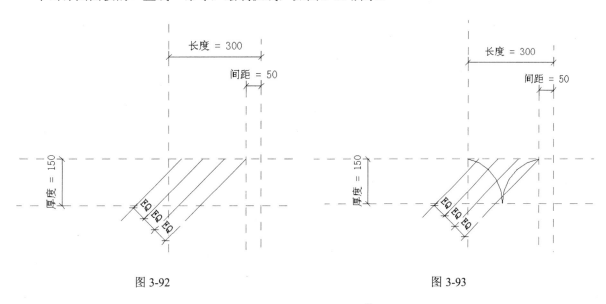

图 3-92   图 3-93

单击"常用"选项栏>"详图"面板>"填充区域"按钮,拾取刚画好的弧线和垂直参照平面, 修剪使之围合成区域,然后将填充样式设为"实体填充-黑色",单击完成按钮 ✔。完成后如图 3-94 所示。

(4)载入项目进行测试。将建好的族另存为"详图构件-土壤", 单击功能区中"载入到项目中" 按钮。在项目中,单击"注释"选项卡>"详图"面板>"构件"下拉菜单>"重复详图构件",打开 "放置重复详图"的上下文选项卡。单击"属性"对话框>"类型属性"命令,新建一个"土壤"族, 其参数设置如图 3-95 所示。

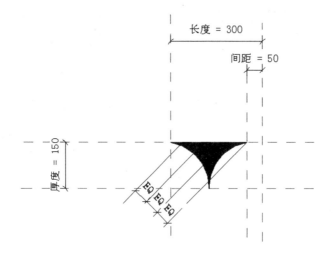

图 3-94

图 3-95

绘制详图构件,如图 3-96 所示。

图 3-96

第4章 轮廓族的创建

4.1 创建轮廓主体

这类族用于项目设计中的主体放样功能中的楼板边、墙饰条、屋顶封檐带、屋顶檐槽，使用"公制轮廓-主体"族样板来制作。

创建步骤如下。

（1）选择样板文件。单击 Autodesk Revit Architecture 2012 界面左上角的"应用程序菜单"按钮>"新建">"族"。

在"新族-选择样板文件"对话框中，选择"公制轮廓-主体.rft"，单击"打开"，如图 4-1 所示。

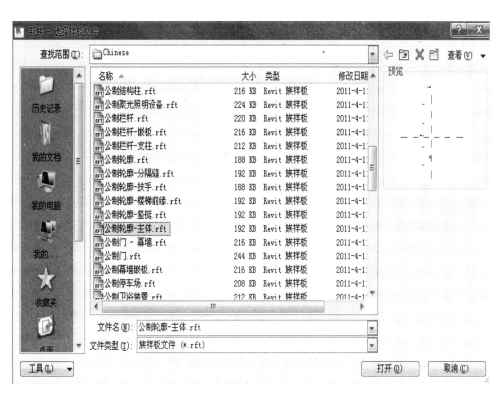

图 4-1

在族样板文件中可以清楚的提示，放样的插入点位于垂直、水平参照线的交点，主体的位置位于第二、三象限，轮廓草图绘制的位置一般位于第一、四象限，如图4-2所示。

（2）绘制轮廓线。单击"常用"选项卡>"详图"面板>"直线"命令，单击"修改|放置 线"上下文选项卡>"绘制"面板> 💠命令，绘制图形并锁定，如图4-3所示。

（3）添加尺寸标签。单击"注释"选项卡>"尺寸标注"面板>"对齐"命令，选择横向标柱，单击"标签">"添加参数"，弹出"参数属性"对话框，在"名称"栏输入"长度"，如图4-4所示，单击"确定"。同样的方法添加宽度参数，最后结果，如图4-5所示。

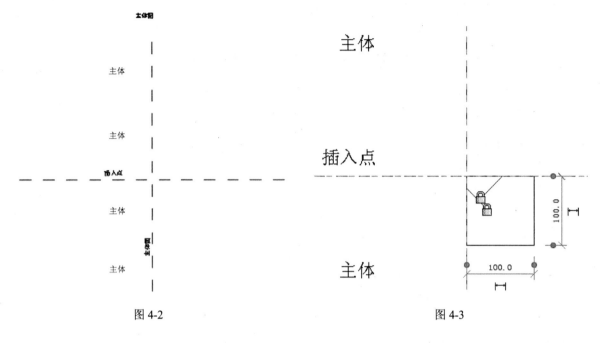

图 4-2   图 4-3

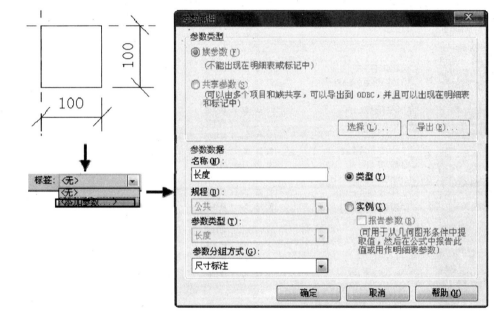

图 4-4

（4）载入项目中测试。将创建好的族另存为"轮廓主体"，单击"族编辑器" > "载入到项目中"命令，将创建好的轮廓主体载入项目中，以墙饰条来进行测试。

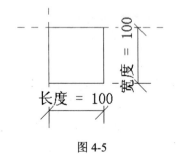

图 4-5

单击"常用"选项卡 > "构建"命令 > "墙"命令下拉菜单 > "墙饰条"命令，单击"属性"对话框 > "类型属性"命令，在弹出的"类型属性"对话框中"构造" > "轮廓"一栏中选择刚才载入的"轮廓主体"，单击"确定"进行墙饰条设置，如图 4-6 所示。

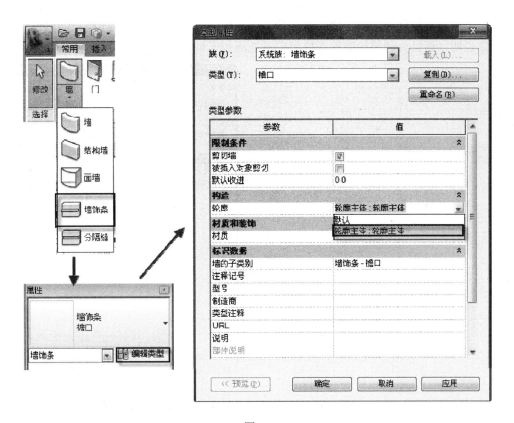

图 4-6

在项目浏览器里面可以选择刚载入的族进行族类型属性（如刚刚添加的尺寸标签参数）更改，添加完墙饰条的墙体效果，如图 4-7 所示，测试完成。

图 4-7

4.2 创建轮廓分隔缝

这类族用于项目设计中的主体放样功能中分隔缝，使用"公制轮廓-分隔缝"族样板来制作。在族样板文件中可以看到清楚的提示，放样的插入点位于垂直、水平参照线的交点，主体的位置和主体轮廓族不同，位于第一、四象限，但由于分隔缝是用于在主体中消减部分的轮廓，因此绘制轮廓族草图的位置应该位于主体一侧，同样在第一、四象限，如图 4-8 所示。

创建分隔缝轮廓族与创建主体轮廓族的步骤基本一样，只是样本文件不一样，所以这里对分隔缝的创建不再做说明，而且分隔缝轮廓族在项目中只能应用于墙体分隔缝中，如图 4-9 所示。

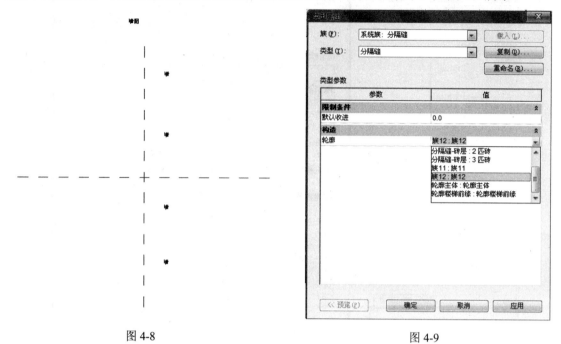

图 4-8   图 4-9

4.3 创建轮廓楼梯前缘

这类族在项目文件中的楼梯的"类型属性"对话框中进行调用，使用"公制轮廓-楼梯前缘.rft"族样板来制作。这个类型的轮廓族的绘制位置与以上的不同，楼梯踏步的主体位于第四象限，绘制轮廓草图应该在第三象限，如图 4-10 所示。

创建楼梯前缘轮廓族与创建主体轮廓族的步骤基本一样，只是样本文件不一样，所以这里对楼梯前缘的创建不再做说明，而且楼梯前缘轮廓族在项目中只能应用于楼梯前缘中，如图 4-11 所示。

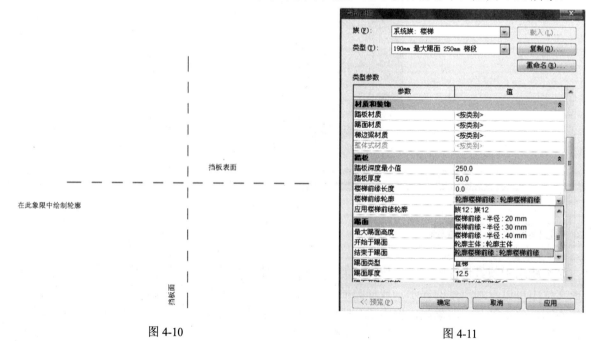

图 4-10   图 4-11

4.4 创建公制轮廓扶手

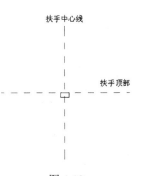

图 4-12

这类族在项目设计中的扶手族的"类型属性"对话框中的"编辑扶手"对话框中进行调用，使用"公制轮廓-扶手"族样板来制作。在族样板文件中可以清楚看到提示，扶手的顶面位于水平参照平面，垂直参照平面则是扶手的中心线，因此我们绘制轮廓草图的位置应该在第三、四象限，如图 4-12 所示。

创建扶手轮廓族与创建主体轮廓族的步骤基本一样，只是样本文件不一样，所以这里对扶手的创建不再做说明而且扶手轮廓族在项目中只能应用于扶手结构中，如图 4-13 所示。

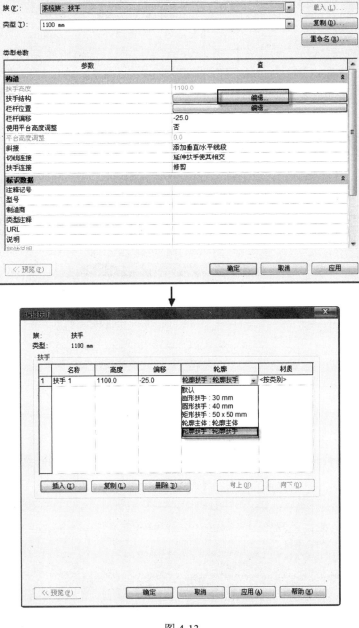

图 4-13

4.5　创建公制轮廓竖梃

这类族在项目设计中矩形竖梃的"类型属性"对话框中进行调用。使用"公制轮廓-竖梃"族样板来制作。在族样板文件中的水平和垂直参照线的焦点是竖梃断面的中心，因此我们绘制轮廓草图的位置应该充满四个象限。要使轮廓草图位置充满四个象限，需要用"EQ"对齐锁定，使竖梃一直位于幕墙的中心线处，如图4-14所示。

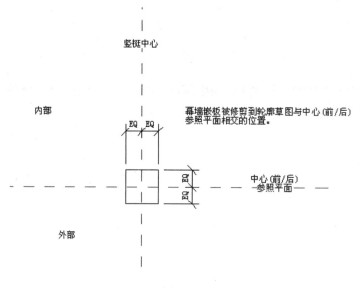

图 4-14

创建竖梃轮廓族与创建主体轮廓族的步骤基本一样，只是样本文件不一样，所以这里对竖梃轮廓的创建不再做说明，且竖梃轮廓族在项目中只能应用于竖梃中，如图4-15所示。

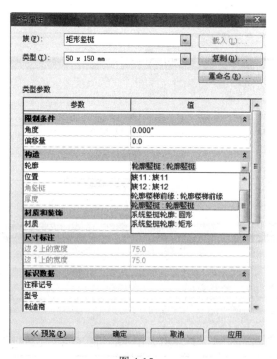

图 4-15

第5章 建筑族的创建

5.1 创建门窗族

门窗族是建筑设计中最常见的三维构建族,在具体项目中需要用到的门窗族数量大,种类不一,同一种类还会有不同规格。在绘制门窗族时会涉及较多的参数,建模结构与尺寸约束复杂,容易给用户带来困扰,因此在这一节会以双扇平开门为实例来具体介绍门窗族的创建。

5.1.1 门族

创建步骤如下。

(1)选择样板文件。单击 Autodesk Revit Architecture 2012 界面左上角的"应用程序菜单"按钮>"新建">"族"。

在"新族-选择样板文件"对话框中,选择"公制门.rft",单击"打开",如图5-1所示。

图 5-1

(2)创建门框架。在"项目浏览器"打开"内部"视图,单击"常用"选项卡>"形状"面板>"拉伸"命令,单击"修改|创建拉伸"选项卡>"绘制"面板□按钮,绘制图形,并和参照平面锁定,修改偏移量为"-50" ☑绘 偏移量:-50 □半径 继续绘制,如图5-2所示。

运用"修剪"命名编辑图形,单击"注释"选项卡 >"尺寸标注"面板>"对齐"命令标注图形,选中一个标注,单击"标签">"添加参数",弹出"参数属性"对话框,在"名称"栏输入"门扇宽度",单击"确定"。同样的方法添加其他三个参数,如图5-3所示,单击 ✔ 完成绘制。

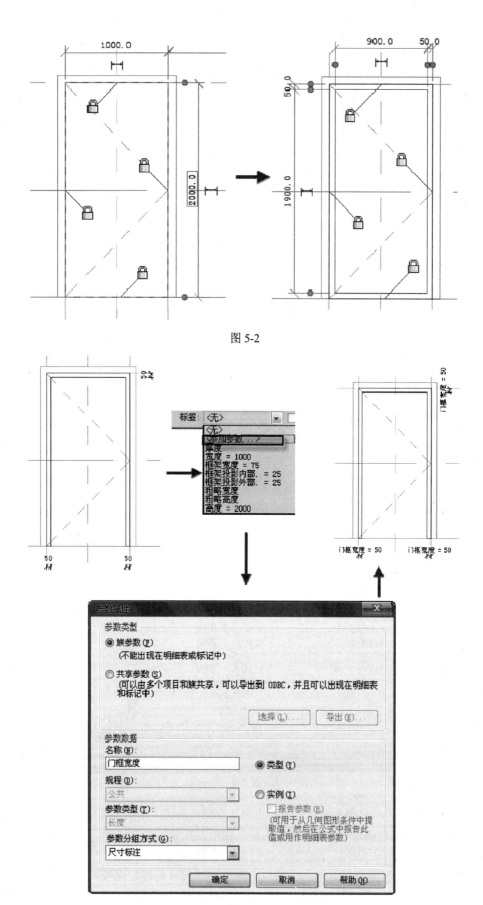

图 5-2

图 5-3

进入"参照标高"视图，标注图形，在连续标注的情况下会出现 ℰ𝒬 符号，单击 ℰ𝒬，切换成ℰ𝒬（EQ 为距离等分符号），使中心参照平面平分图形，如图 5-4 所示。

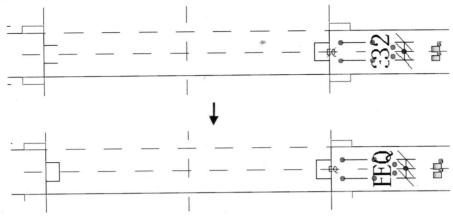

图 5-4

继续标注图形，并用相同方法添加参数为"门框厚度"，如图 5-5 所示。

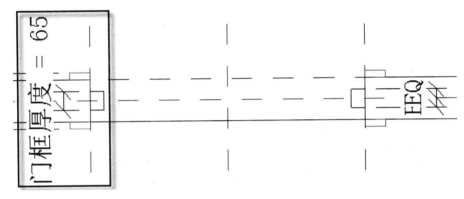

图 5-5

（3）创建门扇。回到"内部"立面视图，单击"常用"选项卡>"形状"面板>"拉伸"命令，单击"修改|创建拉伸"选项卡>"绘制"面板 按钮，绘制图形，并锁定。修改偏移量为"-100" 继续绘制，如图 5-6 所示。

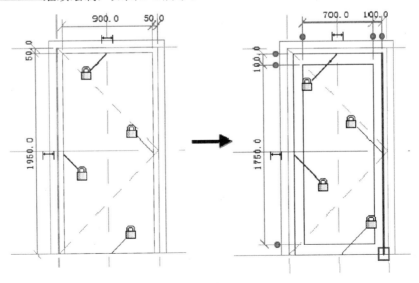

图 5-6

快捷键 di 标注尺寸，并添加参数为"门扇宽度"，如图 5-7 所示，单击 ✔ 完成绘制。

进入"参照标高"视图，用与处理门框的相同方法平分门扇，并标注添加参数为"门扇厚度"，如图 5-8 所示。

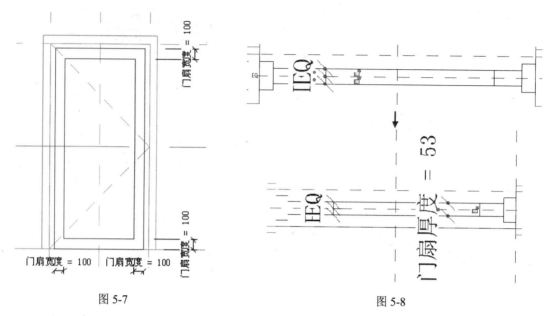

图 5-7   图 5-8

（4）创建玻璃。单击"常用"选项卡>"形状"面板>"拉伸"命令，单击"修改|创建拉伸"选项卡>"绘制"面板 ▢ 按钮，绘制图形，并锁定。打开"属性"对话框，修改"拉伸起点"为"15"，"拉伸终点"为"-15"，单击 ✔ 完成绘制。单击"修改|拉伸"上下文选项卡>"移动"命令，使玻璃中心线与中心参照平面对齐锁定，如图 5-9。

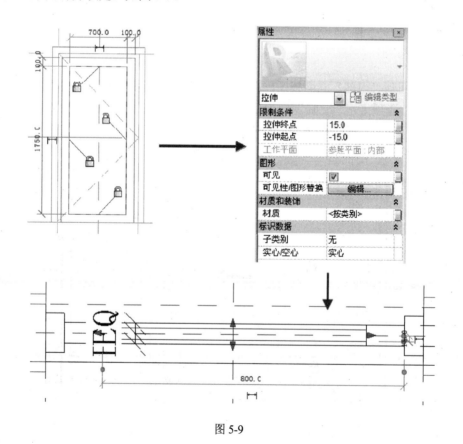

图 5-9

（5）创建门把手。进入"参照标高"视图，单击"常用"选项卡>"形状"面板>"放样"命令，单击"修改|放样"选项卡>"放样"面板"绘制路径"命令。再单击"工作平面"面板>"设置"命令，弹出"工作平面"对话框，选择"拾取一个平面"，单击"确定"。拾取右边参照平面，弹出"转到视图"对话框，选择"立面：右"，单击"打开视图"，转到"右立面"视图，如图 5-10 所示。

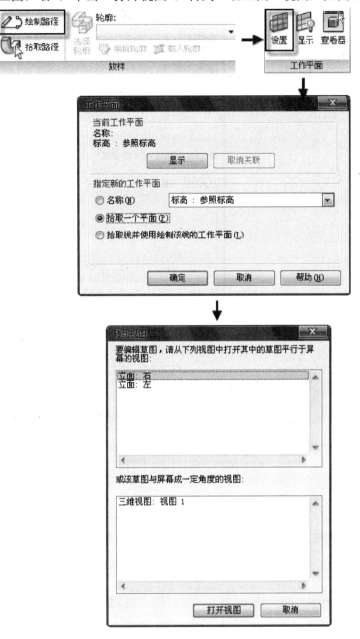

图 5-10

单击"绘制"面板>"直线"命令，绘制路径。标柱图形尺寸，并添加参数"门把手距地高度"，单击 ✔ 完成路径绘制。单击"放样"面板>"编辑轮廓"命令，弹出"转到视图"对话框，选择"立面：外部"，单击"打开视图"转到"外部"视图，如图 5-11 所示。

单击"绘制"面板>"圆形"命令，绘制半径为"20mm"的圆形轮廓，并在属性栏勾选"中心标记可见"，并添加参数"门把手距门板边缘宽度"，如图 5-12 所示，单击 ✔ 完成放样。

进入"参照标高"视图，选中绘制的门把手，单击"修改|放样"上下文选项卡>"修改"面板 按钮，拾取中心参照平面，将门把手镜像到另一面，并与门扇面锁定，如图 5-13 所示。

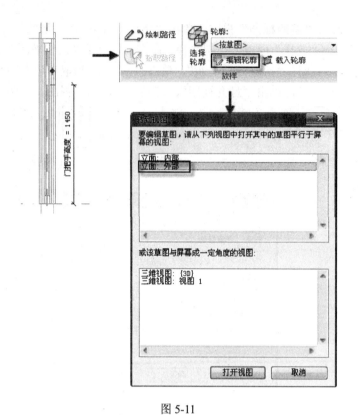

图 5-11

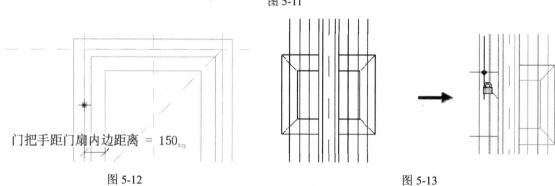

门把手距门扇内边距离 ＝ 150

图 5-12   图 5-13

（6）创建平面开启线。单击"注释"选项卡>"详图"面板>"符号线"命令>▢按钮，绘制线并锁定。再选择命令绘制圆弧，单击圆弧，显示临事尺寸标注，单击临时尺寸标注后的 ▯，将临时尺寸标注转化为永久尺寸标注，并添加参数"W"，如图 5-14 所示。

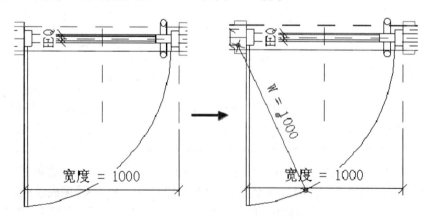

图 5-14

（7）创建参数的关联公式。单击"修改"选项卡>"属性"面板>"族类型"命令，弹出"族类型"对话框，创建公式，如图 5-15 所示。

图 5-15

（8）添加材质参数。进入三维视图，选中门框架，打开"属性"面板，单击"材质"后的 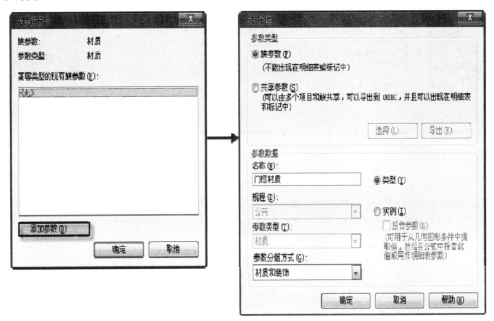，在弹出的"关联组参数"对话框中单击"添加参数"，弹出的"参数属性"对话框，在"名称"栏输入"门框材质"，单击两次"确定"，完成材质参数的添加，如图 5-16 所示。用相同方式创建门扇、玻璃、门把手、贴面材质。

图 5-16

到此门族创建完成，可载入项目中进行测试。

5.1.2 窗族创建

由于窗族的创建思路，流程和具体步骤和门族基本相似。所以在此节里只讲一下窗族创建过程中的一些特殊设置和需要特别注意的地方。

（1）在选取窗族样板文件时，有两个样板可供选择。一个是"带贴面公制窗.rft"，它提供了窗的贴面构建及相关参数；另一个是"公制窗.rft"，它则没有提供窗的贴面构建。

（2）窗的构件包括窗框架、贴面、横档、竖梃、玻璃，有时还会有窗台和把手。

（3）窗族中"默认窗台高度"参数是指窗族第一次载入项目文件并被调用时的默认高度，当在项目文件中需要改变窗构件的窗台高度时，这个族类型参数将不再起作用。如要修改高度，选取窗构件，在"属性"对话框中选取"默认窗台高度"参数进行修改。

5.2 创建幕墙嵌板族

5.2.1 普通嵌板

创建步骤如下。

（1）选择样板文件。单击 Autodesk Revit Architecture 2012 界面左上角的"应用程序菜单"按钮>"新建">"族"。

在"新族-选择样板文件"对话框中，选择"公制幕墙嵌板.rft"，单击"打开"，如图 5-17 所示。

图 5-17

（2）绘制嵌板形状。进入"内部"立面视图，单击"常用"选项卡>"形状"面板>"拉伸"命令，单击"修改|创建拉伸"选项卡>"绘制"面板 按钮，绘制图形，并和参照平面锁定，如图 5-18 所示。

在"属性"对话框中，设置"拉伸起点"为"-3"，"拉伸终点"为"3"，单击 ✔，完成拉伸，如图 5-19 所示。

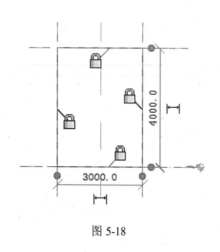

图 5-18

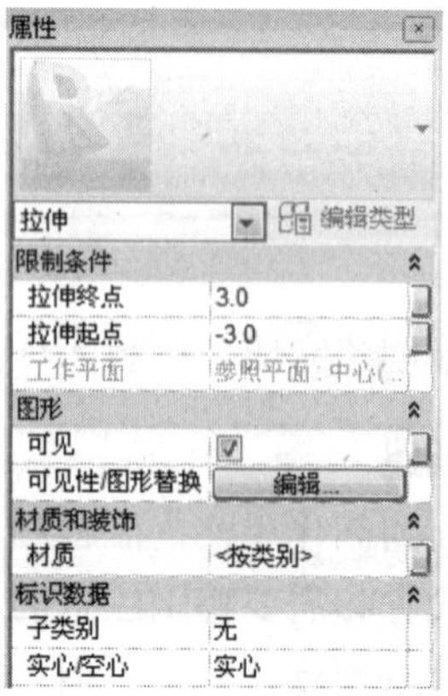

图 5-19

（3）添加材质参数。选中绘制的图形，打开"属性"面板，单击"材质"后的□，在弹出的"关联组参数"对话框中单击"添加参数"，在弹出的"参数属性"对话框中，在"名称"栏输入"嵌板材质"，单击两次"确定"，完成材质参数的添加，如图5-20所示。

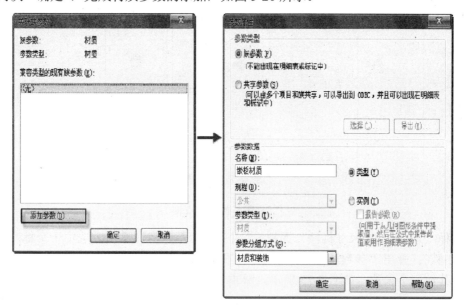

图 5-20

到此一个普通的嵌板族就绘制完成了，可以载到项目中进行测试。

5.2.2　嵌板门

创建步骤如下。

（1）选择样板文件。单击 Autodesk Revit Architecture 2012 界面左上角的"应用程序菜单"按钮>"新建">"族"。

在"新族-选择样板文件"对话框中，选择"公制幕墙嵌板.rft"，单击"打开"，如图5-21所示。

图 5-21

（2）绘制嵌板门扇。进入"内部"立面视图，单击"常用"选项卡>"形状"面板>"拉伸"命令，单击"修改|创建拉伸"选项卡>"绘制"面板□按钮，绘制图形，并和参照平面锁定。将偏移设置为"-100"继续绘制，修改绘制的轮廓，如图5-22所示。

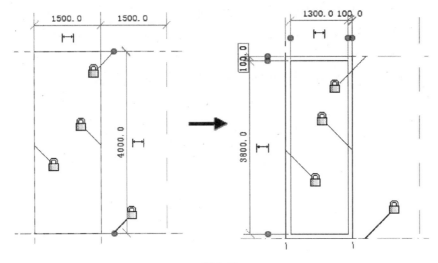

图 5-22

单击"注释"选项卡>"尺寸标注"面板>"对齐"命令，标注草图。选中一个标注，单击"标签">"添加参数"，弹出"参数属性"对话框，在"名称"栏输入"门框宽度"，单击"确定"。同样的方法添加其他三个参数，如图 5-23 所示，单击 ✔ 完成绘制。

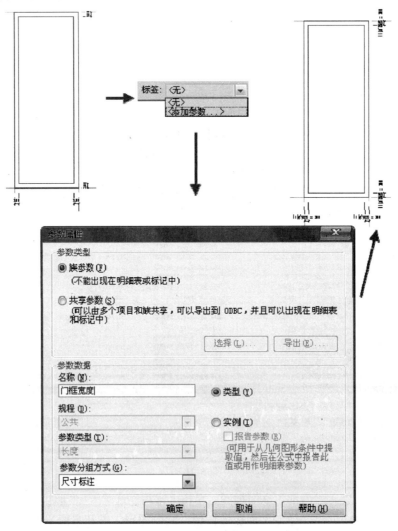

图 5-23

在"属性"对话框中,设置"拉伸起点"为"-30","拉伸终点"为"30",单击 ✔,完成拉伸。选中绘制的图形及标注参数,单击"修改"面板>"镜像"命令按钮 ▣,再单击中间参照平面,将图形镜像到右侧。选中镜像出的图形进入编辑状态,查看参数是否丢失,并将图形外轮廓四边与参照平面锁定,如图 5-24 所示。

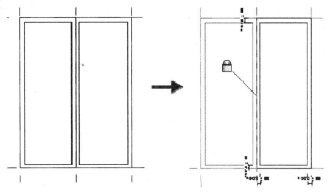

图 5-24

(3)绘制玻璃拉伸。单击"常用"选项卡>"形状"面板>"拉伸"命令,单击"修改|创建拉伸"选项卡>"绘制"面板 ▣ 按钮,绘制图形,并锁定,如图 5-25 所示。

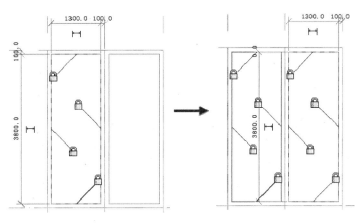

图 5-25

在"属性"对话框中,设置"拉伸起点"为"-3.0","拉伸终点"为"3.0",单击 ✔,完成拉伸,如图 5-26 所示。

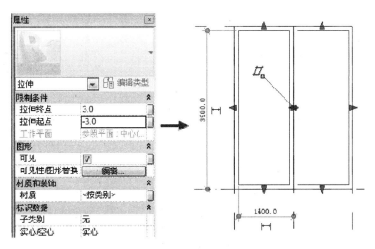

图 5-26

（4）绘制门把手。单击"常用"选项卡>"形状"面板>"拉伸"命令，单击"修改|创建拉伸"选项卡>"绘制"面板□按钮，绘制草图60×300，单击"注释"选项卡>"尺寸标注"面板>"对齐"命令，标注草图并添加参数，如图5-27所示。

在"属性"对话框中，设置"拉伸起点"为"100"，"拉伸终点"为"30"。选中绘制图形及参数，单击"修改"面板>"镜像"命令按钮，再单击中间参照平面，将图形镜像到右侧（见图5-28），单击 ✔ 完成拉伸。

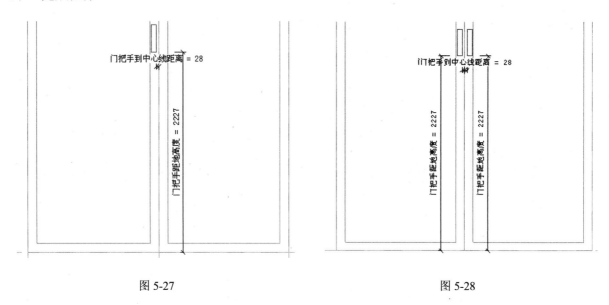

图 5-27   图 5-28

进入右立面视图，运用命令，将绘制的门把手与门框表面锁定，在运用镜像命令将图形复制到另一侧，并与门框表面锁定，如图5-29所示。

（5）添加材质参数。进入三维视图，选中第一次绘制门框形体，打开"属性"面板，单击"材质"后的，如图5-30所示。

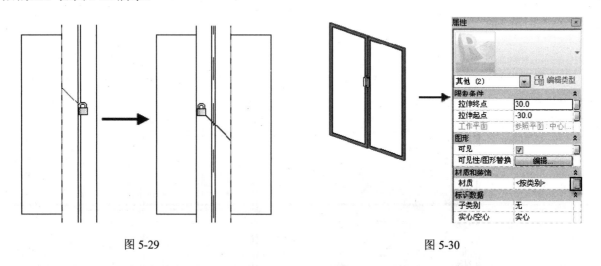

图 5-29   图 5-30

在弹出的"关联组参数"对话框中单击"添加参数"，在弹出的"参数属性"对话框中，在"名称"栏输入"门框材质"，两次单击"确定"，完成材质参数的添加，如图5-31所示。用相同方法添加第二次绘制的玻璃形体的材质参数"玻璃材质"，最后绘制的门把手材质参数为"门把手材质"。

到此嵌板门族绘制完成，可载入项目中进行测试。

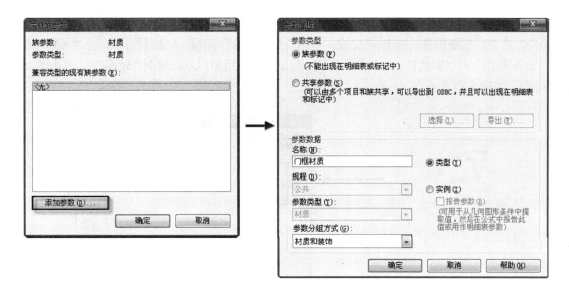

图 5-31

5.3　内建模型–放样/放样融合

创建步骤如下。

（1）打开项目文件。单击 Autodesk Revit Structure 2012 界面左上角的"应用程序菜单"按钮>"新建">"项目"。

在弹出的"新建项目"对话框中，选择样板为软件自带样板，单击"确定"，如图 5-32 所示。

（2）创建内建模型。单击"常用"选项卡>"构建"面板>"构件"命令下拉菜单"内建模型"按钮，在弹出的"族类别和族参数"对话框选择"族类别"为"常规模型"，单击"确定"，在弹出的"名称"栏输入"常规模型 1"，单击"确定"，如图 5-33 所示。

图 5-32

图 5-33

单击"常用"选项卡>"形状"面板>"放样融合"命令，进入绘制模式。单击"放样融合"面板>"绘制路径"命令，绘制图形，单击 ✔ 完成。单击"放样融合"面板>"选择轮廓1">"编辑轮廓"命令，在"转到视图"对话框选择"北"立面视图，绘制图形。用相同方法绘制"轮廓2"，单击两次 ✔ 完成放样融合，如图5-34所示。

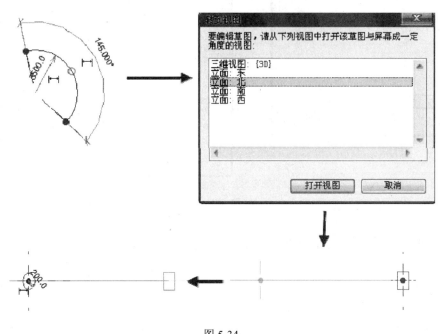

图 5-34

到此内建模型绘制完成，如图5-35所示。

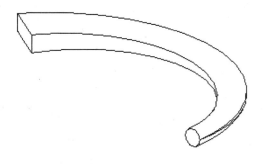

图 5-35

5.4 创建家具族

家具族是 Revit 族的一个重要类别，多用于室内装饰设计。家具族一般可分为两类：三维家具族和二维家具族。在某些情况下，例如某些特定视图中不需要显示家具族的三维形体，或不需要三维族的某些细节，则建议通过二维图形替代。最常见的家具族就是床、桌椅、沙发等。我们以单人沙发为例，介绍一个三维家具族文件的具体创建过程。

创建步骤如下。

（1）选择样板文件。单击 Autodesk Revit Architecture 2012 界面左上角的"应用程序菜单"按钮>"新建">"族"。

在"新族-选择样板文件"对话框中，选择"公制家具.rft"，单击"打开"，如图5-36所示。

图 5-36

（2）绘制参照平面。在项目浏览器里打开"参照标高"视图，单击"常用"选项卡>"基准"面板>"参照平面"命令，单击左键开始绘制参照平面，如图5-37所示。

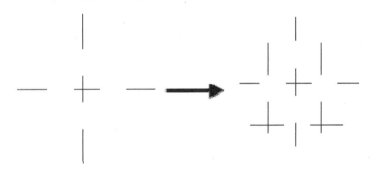

图 5-37

注意： 在绘制草图之前一定要先绘制参照平面，以方便绘制草图时对轮廓进行锁定。

单击"注释"选项卡>"尺寸标注"面板>"对齐"命令，标注参照平面，在连续标注的情况下会出现EQ符号，单击 EQ，切换成EQ（EQ为距离等分符号），使三个参照平面间距相等，如图5-38所示。

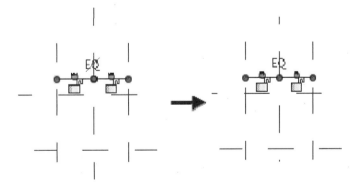

图 5-38

快捷键 di 标柱参照平面尺寸，选择横向标柱，选中一个标注，单击"标签">"添加参数"，弹出"参数属性"对话框，在"名称"栏输入"长度"，单击"确定"。同样的方法添加宽度参数，如图5-39所示。

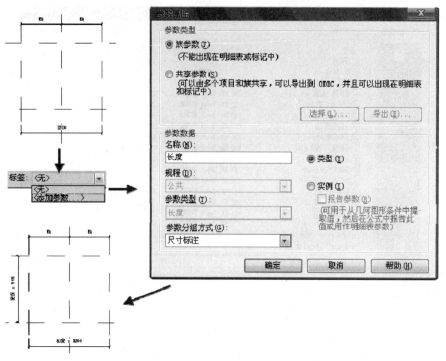

图 5-39

在项目浏览器打开"前"立面视图，绘制两条参照平面，标柱并添加参数"坐垫距底高度"、"沙发高度"，如图 5-40 所示。

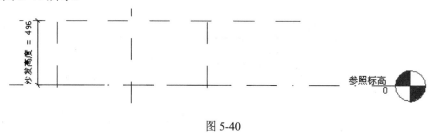

图 5-40

（3）创建沙发主体。单击"常用"选项卡>"形状"面板>"拉伸"命令，单击"修改|创建拉伸"选项卡>"绘制"面板□按钮，绘制图形，并和参照平面锁定，编辑所绘制的矩形，如图 5-41 所示，单击 ✔ 完成绘制。

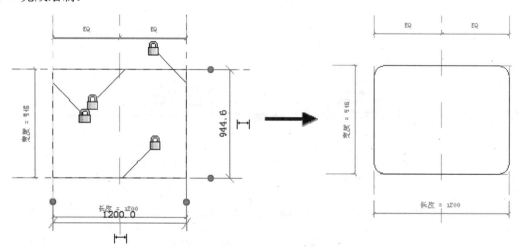

图 5-41

进入"前"立面视图，选中刚拉伸绘制的形体，拉伸上部与参照平面对齐锁定，下部与参照标高对齐锁定，如图 5-42 所示。

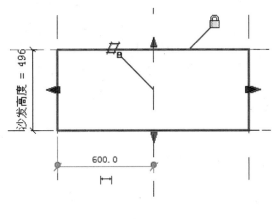

图 5-42

回到"参照标高"视图，单击"常用"选项卡>"形状"面板>"空心形状">"空心拉伸"命令，运用"修改|创建拉伸"选项卡>"绘制"面板，绘制图形，并标注和添加参数，如图 5-43 所示，单击 ✔ 完成绘制。

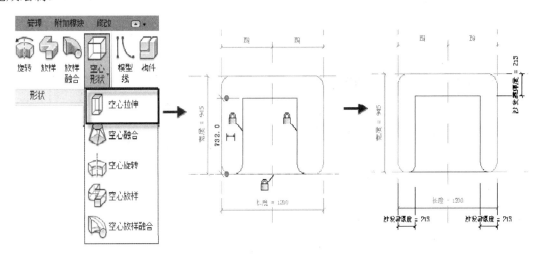

图 5-43

进入"前"立面视图，绘制参照平面，选中刚拉伸绘制的形体，拉伸上部和下部分别与参照平面对齐锁定，并添加参数"沙发靠高度"，如图 5-44 所示。

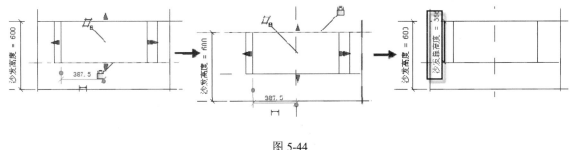

图 5-44

（4）创建坐垫。进入"参照标高"视图 ，单击"常用"选项卡>"形状"面板>"拉伸"命令，

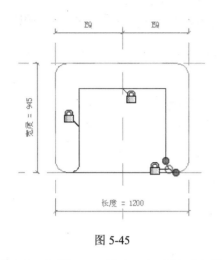

图 5-45

单击"修改|创建拉伸"选项卡>"绘制"面板![]按钮，绘制图形锁定，如图 5-45 所示，单击 ✔ 完成绘制。

进入"前"立面视图，选中刚拉伸绘制的形体，拉伸下部与参照平面对齐锁定，对拉伸进行标注并添加参数，如图 5-46 所示。

注意：图形最好是分别与参照平面锁定来达到多个图形的关联，而不是直接图形与图形锁定。这样可以避免过多约束草图。

（5）添加材质参数。进入三维视图，选中沙发主体，打开"属性"面板，单击"材质"后的![]，在弹出的"关联族参数"对话框中单击"添加参数"，在弹出的"参数属性"对话框中，在"名称"栏输入"主体材质"，两次单击"确定"，如图 5-47 所示，完成材质参数的添加。用相同方式创建坐垫材质。

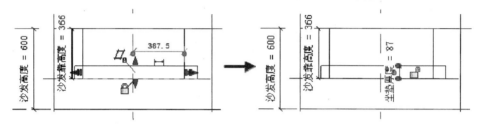

图 5-46

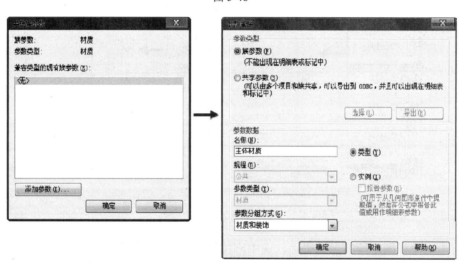

图 5-47

到此单人沙发族创建完成，如图 5-48 所示，可载入项目中进行测试。

5.5 创建栏杆族

5.5.1 栏杆

创建步骤如下。

（1）选择样板文件。单击 Autodesk Revit Architecture 2012 界面左上角的"应用程序菜单"按钮>"新建">"族"。

在"新族-选择样板文件"对话框中，选择"公制栏杆.rft"，单击

图 5-48

"打开"，如图 5-49 所示。

图 5-49

（2）绘制参照平面。进入右立面视图，绘制四条参照平面，垂直的两条参照平面与原有垂直参照平面的距离为"25"，水平参照平面随意设置，如图 5-50 所示。

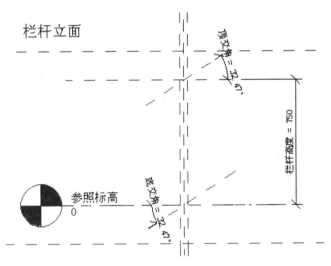

栏杆立面

参照标高
0

图 5-50

（3）创建栏杆形状。进入"参照标高"平面视图，单击"常用"选项卡>"形状"面板>"实心-旋转"命令，进入"实心旋转"草图绘制模式。单击"创建"面板>"工作平面"面板>"设置"命令，选择"拾取一个平面"，单击确定。拾取竖直参照，弹出"转到视图"对话框，选择"立面：前"，进入右视图，如图 5-51 所示。

绘制栏杆轮廓，锁定上下直线到绘制的水平参照平面上。绘制完毕后，单击"绘制"面板>"轴线"命令>按钮，在视图中单击原有垂直参照平面，确定为轴线，设置旋转属性，完成旋转，如图 5-52 所示。

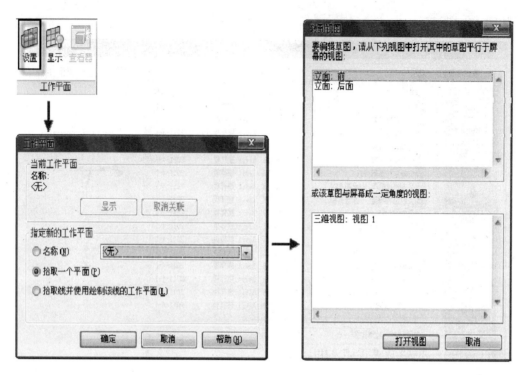

图 5-51

（4）削剪实体模型。此工作的目的是使栏杆以楼梯等倾斜的构件作为主体时，斜参照平面的夹角能自动适应栏杆主体的坡度。

单击"创建"选项卡>"形状"面板>"空心-拉伸"命令，进入"空心拉伸"草图绘制模式，绘制拉伸轮廓。绘制完毕后，将它们各边与对应的参照平面锁定。在"属性"对话框，设置"拉伸起点"为"-30.0"，"拉伸终点"为"30.0"，如图 5-53 所示。同样方法创建下部空心拉伸。

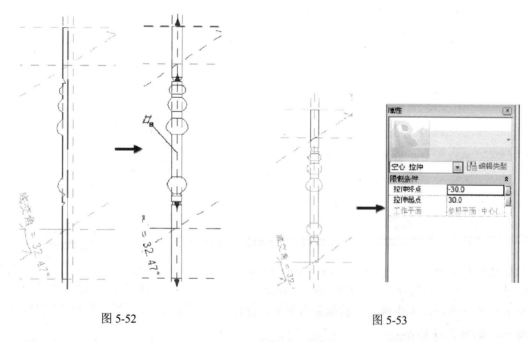

图 5-52   图 5-53

（5）载入项目中测试并应用。将创建好的族另存为"栏杆"，单击"族编辑器">"载入到项目中"命令，将创建好的栏杆族载入项目中。

单击"常用"选项卡>"楼梯坡道"面板>"扶手"命令，进入扶手绘制模式。绘制一条水平扶手，单击"属性"对话框>"编辑类型"命令，打开"类型属性"对话框。单击"栏杆位置">"编辑"按钮，打开"编辑栏杆位置"对话框，将"主样式"下的"栏杆族"设为刚制作好的栏杆，确定两次"完成扶手"，如图5-54所示。

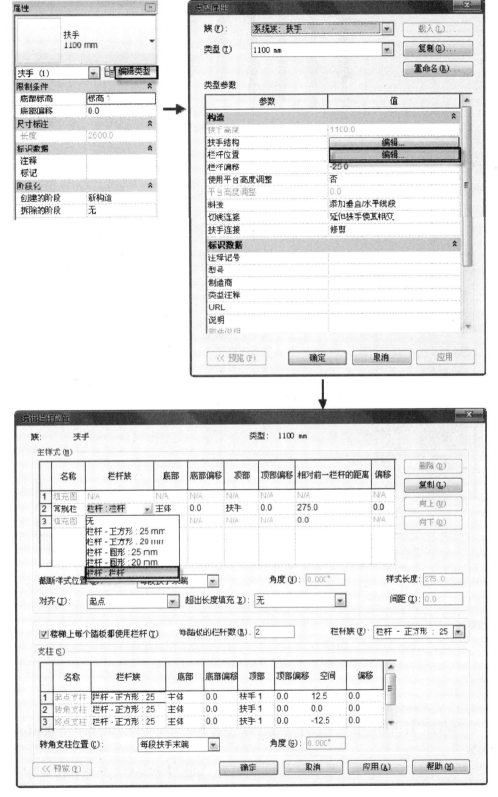

图 5-54

完成设置，绘制结果，如图 5-55 所示。

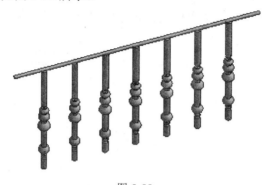

图 5-55

5.5.2 栏杆嵌板

（1）选择样板文件。单击 Autodesk Revit Architecture 2012 界面左上角的"应用程序菜单"按钮>
"新建">"族"。

在"新族-选择样板文件"对话框中，选择"公制栏杆-嵌板.rft"，单击"打开"，如图 5-56 所示。

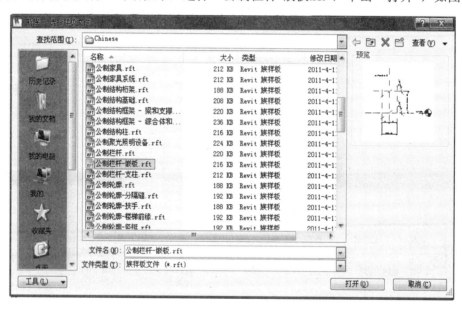

图 5-56

（2）绘制嵌板。进入"参照标高"平面视图，单击"创建"面板>"工作平面"面板>"设置"命
令，选择"拾取一个平面"，单击确定。拾取竖直参照，弹出"转到视图"对话框，选择"立面：左"，
进入左立面视图。

单击"常用"选项卡>"形状"面板>"实心-拉伸"命令☑按钮，绘制拉伸轮廓并与参照平面锁定。
在"属性"对中，设置"拉伸起点"为"-3"，"拉伸终点"为"3"，如图 5-57 所示单击✔，完成
拉伸。

单击"常用"选项卡>"形状"面板>"实心-拉伸"命令🗹按钮，将偏移值设为"-150"，拾取嵌
板边缘线。在"属性"对话框中设置"拉伸起点"为"-20"，"拉伸终点"为"20"，如图 5-58 所示，
单击✔完成拉伸。

（3）为嵌板添加参数。选择第一次绘制的嵌板，打开"属性"对话框，单击"材质"后的🔲，在
弹出的"关联族参数"对话框中单击"添加参数"，在弹出的"参数属性"对话框中，在"名称"栏输
入"嵌板材质"，单击两次"确定"，如图 5-59 所示，完成材质参数的添加。

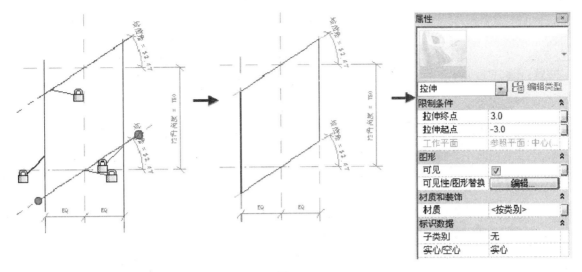

图 5-57

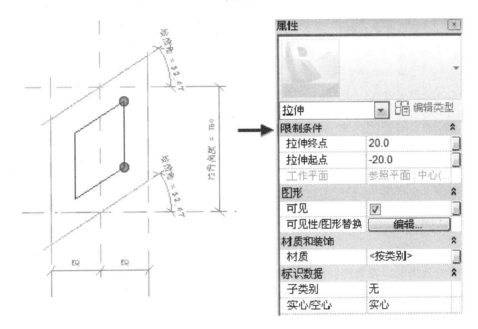

图 5-58

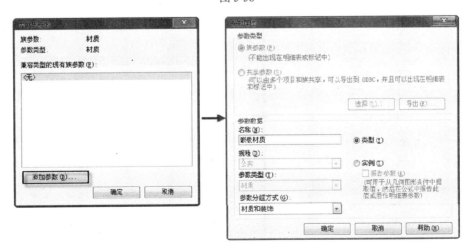

图 5-59

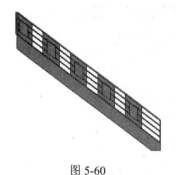

图 5-60

栏杆嵌板的使用方法与栏杆一样，在这里不多做说明，在项目中的应用效果，如图 5-60 所示。

5.6 创建 RPC 族

5.6.1 人物

创建步骤如下。

（1）选择样板文件。单击 Autodesk Revit Architecture 2012 界面左上角的"应用程序菜单"按钮>"新建">"族"。

在"新族-选择样板文件"对话框中，选择"公制 RPC 族.rft"，单击"打开"，如图 5-61 所示。

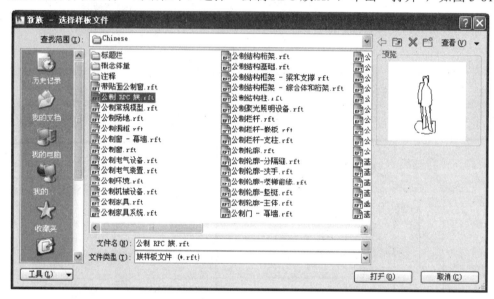

图 5-61

（2）调节渲染效果图。在参照标高平面视图中单击第三方平面效果，单击"实例属性">"标识数据">"渲染外观"后 ，选择"无"，单击"确定"，如图 5-62 所示。

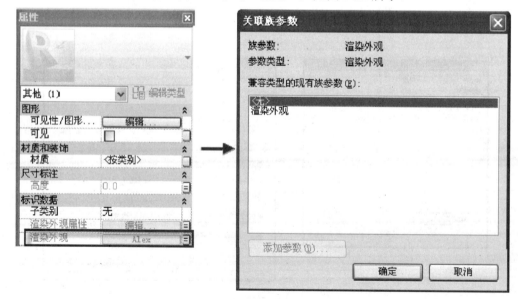

图 5-62

单击"渲染外观"后的"Alex"，弹出对话框，选择"Tina [2]"，单击"确定"，如图 5-63 所示。

图 5-63

（3）设置可见性。转到参考标高视图，单击 RPC 图，在"属性"对话框勾选"可见"，如图 5-64 所示。

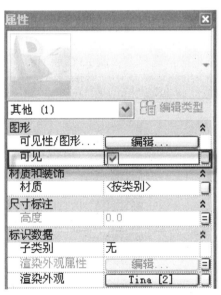

图 5-64

（4）载入项目中测试。将创建好的族另存为"人物"单击"族编辑器">"载入到项目中"命令，将创建好的人物族载入项目中。

单击"视图"选项卡>"图形"面板>"渲染"命令，质量设置为"高"，单击"渲染"，完成效果，如图 5-65 所示。

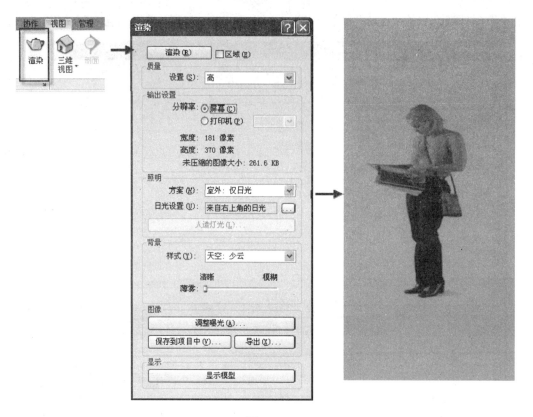

图 5-65

5.6.2 植物

创建步骤如下。

（1）选择样板文件。单击 Autodesk Revit Architecture 2012 界面左上角的"应用程序菜单"按钮>"新建">"族"。

在"新族-选择样板文件"对话框中，选择"公制 RPC 族.rft"，单击"打开"，如图 5-66 所示。

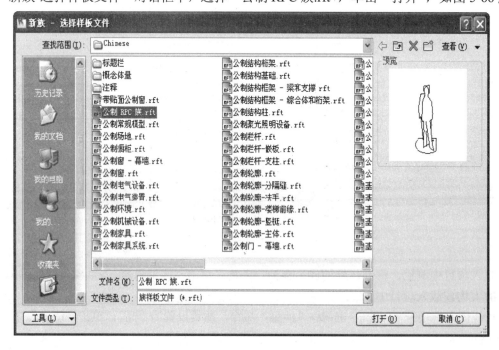

图 5-66

（2）绘制平面表达。进入"参照标高"视图，单击"注释"选项卡>"详图">面板>"符号线"命令 按钮，以参照平面的交点为圆心，绘制半径为 3000mm 的圆，如图 5-67 所示。

（3）调节渲染效果图。在参照标高平面视图中单击第三方平面效果，单击"实例属性">"标识数据">"渲染外观库"后 ，选择"无"，单击"确定"，如图 5-68 所示。

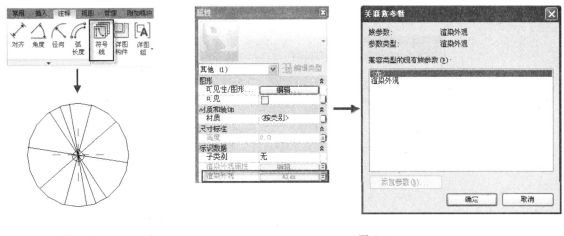

图 5-67   图 5-68

单击"渲染外观库"后的"Alex"，弹出对话框，选择"日本樱花"，单击"确定"，如图 5-69 所示。

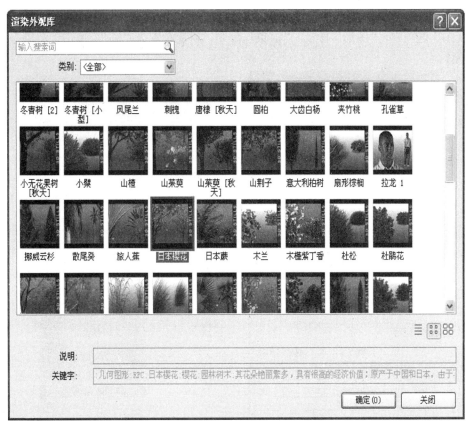

图 5-69

（4）设置可见性。进入"参照标高"平面视图，单击第三方渲染外观图，单击菜单栏下"修改|日本樱花">"可见性"面板>"可见性设置"命令，取消勾选"平面/天花板平面视图"单击"确定"，如图 5-70 所示。

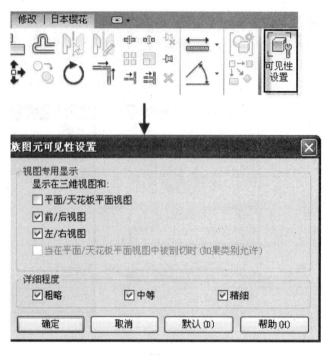

图 5-70

（5）载入项目中测试。将创建好的族另存为"日本樱花"单击"族编辑器"＞"载入到项目中"命令，将创建好的人物族载入项目中。

单击"视图"选项卡＞"图形"面板＞"渲染"命令，质量设置为"高"，单击"渲染"，完成效果，如图 5-71 所示。

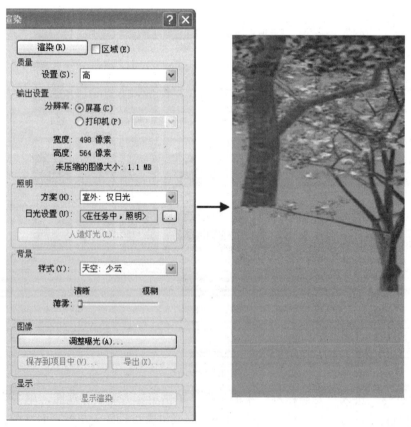

图 5-71

5.7　创建植物族

在 Revit 2012 族库里存了两种植物族，一种是 RPC 族，还有一种是用模型线拉出来的植物，RPC 植物族前面已介绍过，这里以竹子为例详细介绍用模型线创建植物的方法。

创建步骤如下。

（1）选择样板文件。单击 Autodesk Revit Architecture 2012 界面左上角的"应用程序菜单"按钮>"新建">"族"。

在"新族-选择样板文件"对话框中，选择"公制植物.rft"，单击"打开"，如图 5-72 所示。

图 5-72

（2）绘制主干。进入"前"立面视图，单击"常用"选项卡>"形状"面板>"放样融合"命令，选择"放样融合"面板下的"绘制路径"，选择 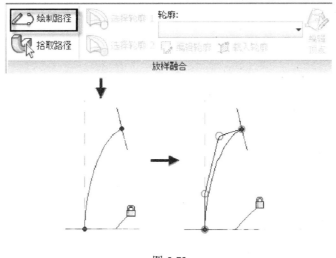，绘制一段弧线，并将端点与参照平面锁定，拖动波段线控制点，编辑弧线形状，如图 5-73 所示。

图 5-73

选择"选择轮廓 1">"编辑轮廓",弹出对话框,选择"楼层平面:参照标高"绘制一个半径为60°的圆,如图 5-74 所示,单击 ✓。

图 5-74

同样,进入右立面视图,编辑轮廓 2,绘制半径为 15 的圆,如图 5-75 所示。单击两次 ✓,完成放样融合。

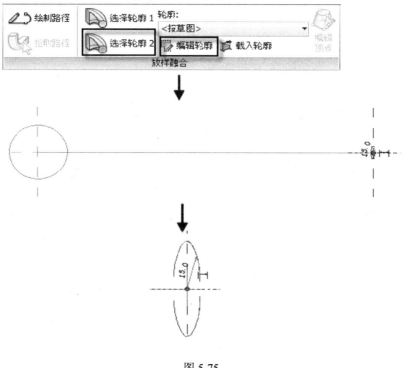

图 5-75

用同样方法绘制（见图5-76）主干。

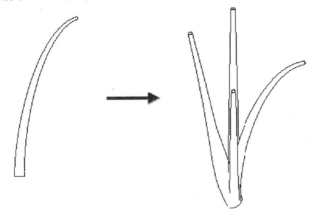

图 5-76

（3）绘制竹叶。进入"前"立面视图，单击"常用"选项卡>"形状"面板>"拉伸"命令，绘制图形，在"属性"对话框中设置，拉伸起点"-1"，拉伸终点"1"，如图5-77所示，单击完成拉伸。

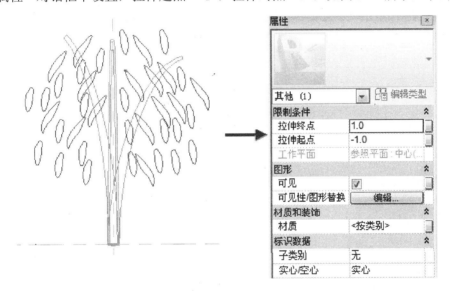

图 5-77

进入参照标高平面，将绘制的拉伸形体，如图5-78所示，进行复制，完成树叶的绘制。

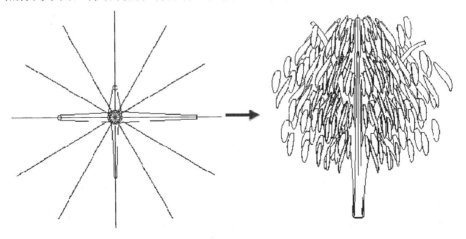

图 5-78

（4）为嵌板添加参数。选择竹子主干，打开"属性"对话框，单击"材质"后的□，在弹出的"关联组参数"对话框中单击"添加参数"，在弹出的"参数属性"对话框中，在"名称"栏输入"主干材质"，如图 5-79 所示，单击两次"确定"，完成材质参数的添加，用相同方法完成竹叶材质添加。

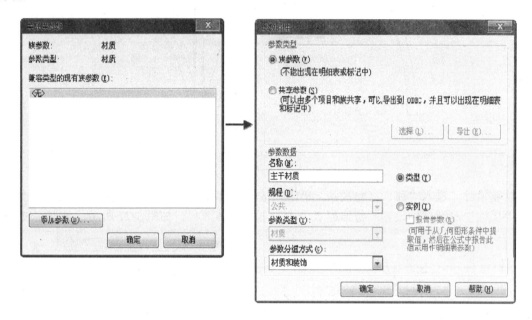

图 5-79

到此竹子绘制完成，如图 5-80 所示，可载入项目中进行测试。

图 5-80

5.8 创建体量族

在 Revit 项目中，可以通过内建体量族和载入体量族两种方式进行建筑概念设计。

5.8.1 创建内建体量

体量可以在项目内部创建，用于表现项目独特的形状，用户进行编辑和修改的环境为项目文件环境，便于观察场地，其他体量或者建筑图元之间的关系。但内建体量只能保存于单个项目文件中。

创建步骤如下。

（1）打开项目文件。单击 Autodesk Revit Structure 2012 界面左上角的"应用程序菜单"按钮>"新建">"项目"。

在弹出的"新建项目"对话框中，选择样板为软件自带样板，单击"确定"，如图 5-81 所示。

（2）激活体量显示。单击"体量和场地"选项卡>"概念体量"面板>"按视图设置显示体量"命令下拉菜单中"显示体量形状和楼层"按钮，如图 5-82 所示。

（3）创建体量几何形体。单击"体量和场地"选项卡>"概念体量"面板>"内建体量"命令。在"名称"对话框中输入体量名称"A1"，如图 5-83 所示，单击"确定"进入概念体量设计环境。

单击"常用"选项卡>"绘制"面板>"直线"命令□按钮，在绘图区域绘制图形，如图 5-84 所示。

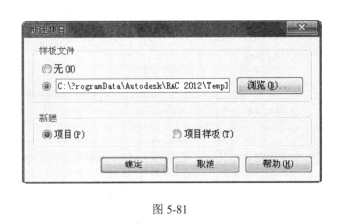

图 5-81

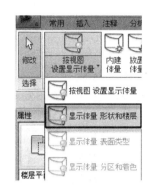

图 5-82

图 5-83

图 5-84

选中绘制的图形，单击"修改|线"选项卡>"形状"面板>"创建形状"命令下拉菜单"实心形状"按钮，切换至三维视图，将形体高度调整为 7000mm，如图 5-85 所示，单击"完成体量"完成体量的绘制，如图 5-86 所示。

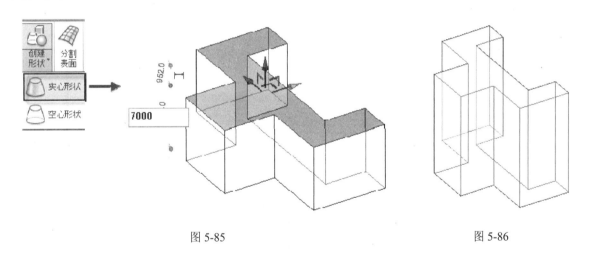

图 5-85

图 5-86

5.8.2 创建载入体量族

可载入体量族的编辑环境独立于项目文件之外，可以在多个项目中使用。

创建步骤如下。

（1）新建一个项目文件。单击 Autodesk Revit Structure 2012 界面左上角的"应用程序菜单"按钮>"新建">"项目"。

在"新族-选择样板文件"对话框中，选择"概念体量">"公制体量.rft"，单击"打开"，如图 5-87 所示。

（2）创建体量几何形体。单击"绘制"面板>"直线"命令，在绘图区域绘制图形，如图 5-88 所示。

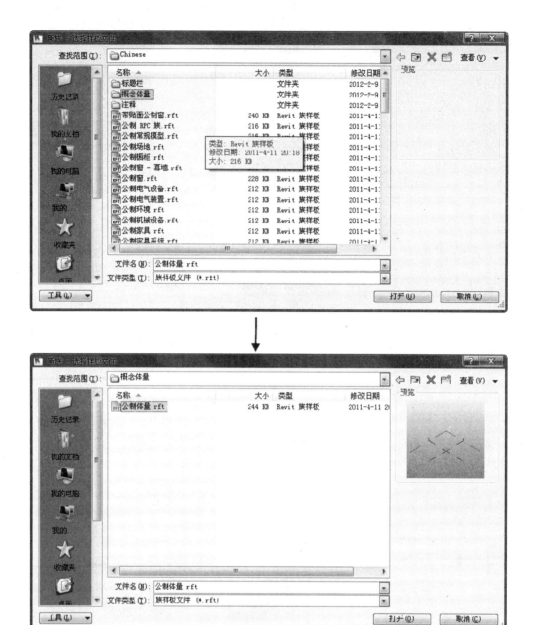

图 5-87

　　选中绘制的图形，单击"修改|线"选项卡>"形状"面板>"创建形状"命令下拉菜单"实心形状"按钮，切换至三维视图，将形体高度调整为 20000mm，如图 5-89 所示，完成体量的绘制，如图 5-90 所示。

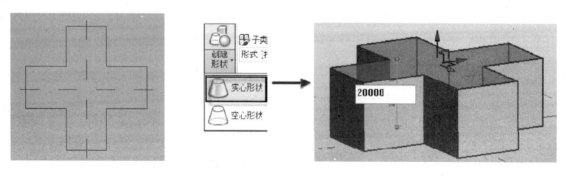

图 5-88　　　　　　　　　　　　　　　　　　图 5-89

（3）载入项目中测试。将创建好的族另存为"体量 1"，单击"族编辑器" > "载入到项目中"命令，将创建好的体量族载入项目中。

单击"修改|放置 放置体量"选项卡> "放置"面板> "放置在面上"或"放置在工作平面上"命令，在绘图区域内单击合适的位置放置，如图 5-91 所示，测试完成。

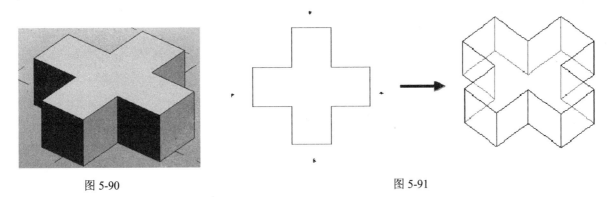

图 5-90   图 5-91

（4）体量楼层的应用。在 Revit 中，可以使用"体量楼层"划分体量，在项目文件中先定义楼层的标高，然后在每一个标高处创建体量楼层。在上文的测试体量项目中，单击"修改|体量"选项卡> "模型"面板> "体量楼层命令"。在"体量楼层"对话框中勾选体量楼层中所需要的标高，单击"确定"完成，如图 5-92 所示。

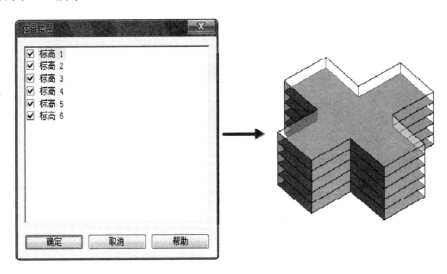

图 5-92

第6章 结构族的创建

6.1 创建结构基础

结构中常用的基础类型有扩展基础、条形基础、筏形基础、桩基础等，其在 Autodest Revit Structure 中的实现也不相同。其中一些是通过梁或者常规模型等来实现，不具备 Revit Structure 中基础的特性，在与其他结构分析软件互交时，不能作为结构基础传递。本节主要讲述 Revit Structure 中具备结构属性的三种基础类型：独立基础、墙基础和板基础。

6.1.1 独立基础

在 Revit 中独立基础是一个宽泛的概念，它包括拓展基础、桩基础、桩承台等，其中桩还可以是各种类型的桩：预应力混凝土管桩、混凝土灌注桩、钢桩等，只要在桩的定义中标明即可。

拓展基础创建步骤如下。

（1）选择样板文件。单击 Autodesk Revit Structure 2012 界面左上角的"应用程序菜单"按钮>"新建" > "族"。

在"新族-选择样板文件"对话框中，选择"公制结构基础.rft"，单击"打开"，如图 6-1 所示。

图 6-1

（2）设置族类别。在进入族编辑器后，单击 ▦ 按钮，打开"族类别和族参数"对话框，如图 6-2 所示。

由于所选用是基础样板文件，默认状态下"族类别"已被选择为"结构基础"。"族参数"对话框中还有一些参数可以勾选。

1）基于工作平面：可以通过勾选此项，在放置基础时，不仅可以放置在某一标高上，还可以放置在某一工作平面上。

2）总是垂直：不勾选此项，基础可以相对于水平面有一定旋转角度，而不总是垂直。

3）加载时剪切的空心：这是 Revit 2012 版本新增的参数，勾选该参数后，在项目文件中，基础可以被带有空心且基于面的实体切割时能显示出被切割的空心部分。默认设置为不勾选。

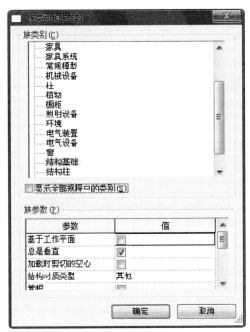

图 6-2

4）结构材质类型：可以选择基础的材料类型，有钢、混凝土、预制混凝土、木材和其他五类。

在默认状态，除了"结构材料类型"：需要选择外，其余选项可不予改变。

（3）绘制参照平面。在项目浏览器里打开"参照标高"视图，单击"常用"选项卡>"基准"面板>"参照平面"命令，单击左键开始绘制参照平面，如图 6-3 所示。

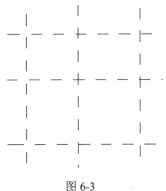

图 6-3

单击"注释"选项卡>"尺寸标注"面板>"对齐"命令，标注横向的三条参照平面，在连续标注的情况下会出现 EQ 符号，单击 EQ，切换成 EQ（EQ 为距离等分符号），使三个参照平面间距相等，如图 6-4 所示，用相同方法标柱纵向的三条参照平面。

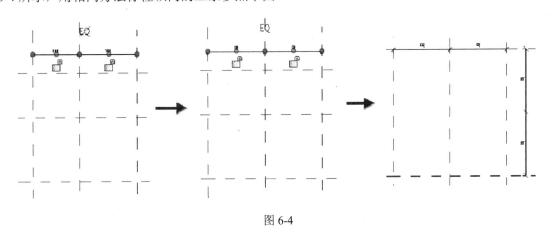

图 6-4

快捷键 di 标柱参照平面尺寸，选择横向标柱，单击"标签">"添加参数"，弹出"参数属性"对话框，在"名称"栏输入"边长"，单击"确定"，添加纵向标柱为相同参数，如图 6-5 所示。

（4）绘制基础。单击"常用"选项卡>"形状"面板>"拉伸"命令，单击"修改|创建拉伸"选项卡>"绘制"面板□按钮，绘制图形，并和参照平面锁定。单击✔完成绘制。进入"前"立面视图，选中刚拉伸绘制的形体，拉伸下部与参照平面对齐锁定，如图 6-6 所示。

标注图形高度并添加参数"h1"，如图 6-7 所示。

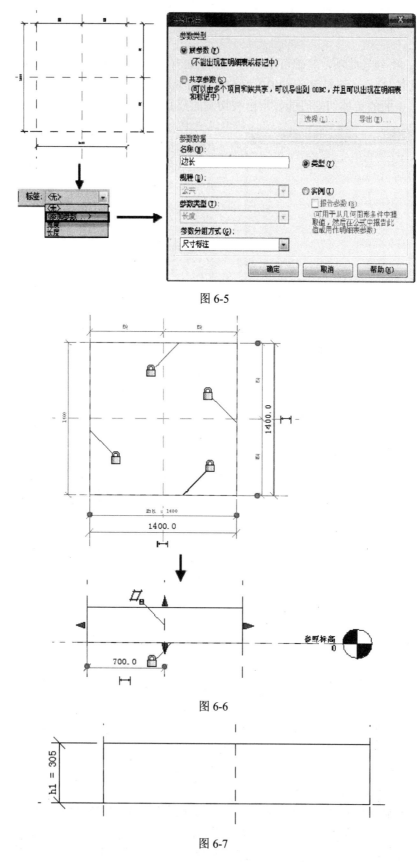

图 6-5

图 6-6

图 6-7

回到"参照标高"视图，单击"常用"选项卡>"形状"面板>"拉伸"命令，单击"修改|创建拉伸"选项卡>"绘制"面板⬜按钮，绘制图形，并用 EQ 平分，并标注添加参数，如图 6-8 所示。

进入"前"立面视图，选中刚拉伸绘制的形体，拉伸下部与第一次绘制的形体的上部对齐锁定。标注图形高度并添加参数"H"，如图 6-9 所示。

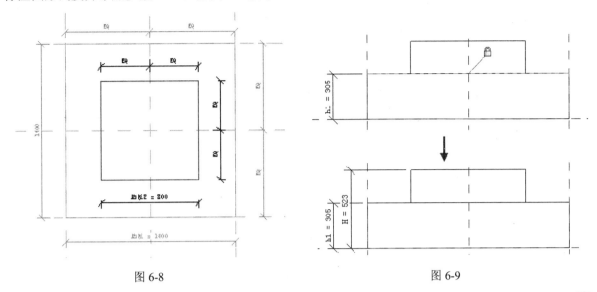

图 6-8   图 6-9

（5）添加材质参数。进入三维视图，选中绘制的图形，打开"属性"面板，单击"材质"后的 ，在弹出的"关联组参数"对话框中单击"添加参数"，在弹出的"参数属性"对话框中，在"名称"栏输入"材质"，单击两次"确定"，如图 6-10 所示，完成材质参数的添加。

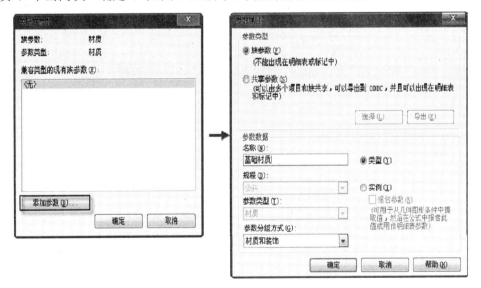

图 6-10

到此拓展基础族绘制完成，如图 6-11 所示，可载入项目中进行测试。

6.1.2　墙下条形基础

条形基础是结构基础类别的成员，并以墙为主体，可在平面视图或三维视图中沿着结构墙放置这些基础，条形基础被约束到所支撑的墙，并随之移动。在 Autodesk Revit Structure 中，墙下条形基础是系统族，用户不能自己创建族文件和加载，只能在软件自带的墙基础形状下修改和添加新的类型。下面来介绍墙基础的应用方法和参数设置。

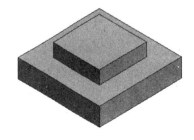

图 6-11

首先单击"常用"选项卡>"基础"面板>"条形"命令进入墙基础编辑界面。在墙基础"属性"对话框中，我们可以选择墙基础的类型、设置钢筋的保护层厚度、启用分析模型等，如图6-12所示。

在"属性"对话框中单击"编辑类型"，打开"类型属性"对话框，在"类型属性"对话框中，可以修改或复制添加新的墙基础类型，如图6-13所示。

图6-12

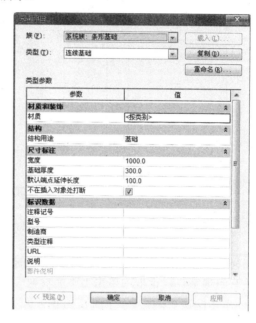

图6-13

在"结构用途"一栏，此时的默认类型是"基础"，还有另一选项"挡土墙"基础。其他参数意义，如图6-14所示，"300"即代表厚度，"800"即代表宽度，"100"代表默认端点延伸长度。

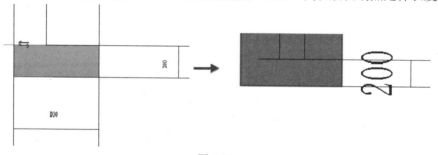

图6-14

参数中还有一栏"不在插入对象处打断"，如图6-15所示左图时不勾选该项的效果，右图是勾选该项的效果。

墙基础添加后，在"属性"对话框中会出现"偏心"一栏，如图6-16所示，"100"即表示偏心距离。

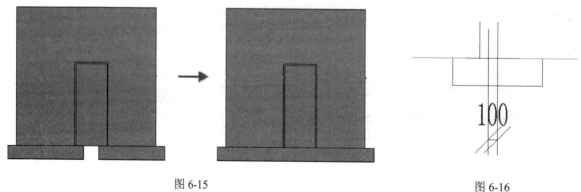

图6-15

图6-16

6.1.3 板基础

板基础和墙基础一样是系统自带的族文件。板基础的性能和结构楼板有很多相似之处，下面来介绍板基础的应用和参数设置。

首先单击"常用"选项卡>"基础"面板>"板"命令，在板基础的下拉菜单下有两种工具，分别是"基础底板"和"楼板边缘"。单击"基础底板"，进入"板基础"编辑状态，可以根据基础的边界形状选择合适的形状绘制工具，在绘图区域内绘制板基础的形状，如图6-17所示。

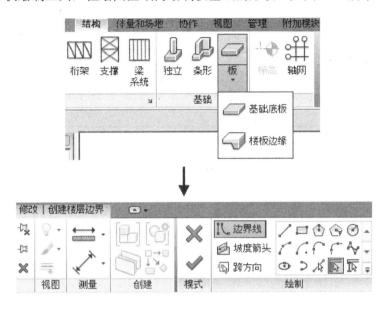

图 6-17

其实例属性和类型属性的设置也和结构楼板基本相同，但与结构楼板不同的是，在绘制板基础时，默认状态下没有板跨方向，用户可以通过单击"跨方向" 按钮，然后选中绘图区域的"板基础"边界线，即可为板基础添加板跨方向。也可以通过单击"坡度箭头" 按钮，为板基础添加坡度。

6.2 创建结构柱

结构柱用于对建筑中的垂直承重图元建模。尽管结构柱与建筑柱共享许多属性，但结构柱还具有许多由它自己的配置和行业标准定义的其他属性。在项目中可通过手动放置每根柱或使用"在轴网处"工具将柱添加到选定的轴网交点方式创建结构柱。通常使用的结构柱主要是钢筋混凝土柱和钢柱。下面以L形柱为例，介绍一个结构柱的具体创建过程。

创建步骤如下。

（1）选择样板文件。单击Autodesk Revit Structure 2012界面左上角的"应用程序菜单"按钮>"新建">"族"。

在"新族-选择样板文件"对话框中，选择"公制结构柱.rft"，单击"打开"，如图6-18所示。

（2）修改原有样板。进入"楼层平面">"低于参照标高"视图，删除原样板中的EQ等分标柱，如图6-19所示。

移动两条参照平面，具体位置不重要。"宽度"和"深度"参数是原有的，而"厚度"参数需要新建，快捷键di标柱参照平面尺寸，如图6-20所示。

选中横向标柱，单击"标签">"添加参数"，弹出"参数属性"对话框，在"名称"栏输入"厚度"，单击"确定"，如图6-21所示，用同样的方法添加竖向标柱参数。

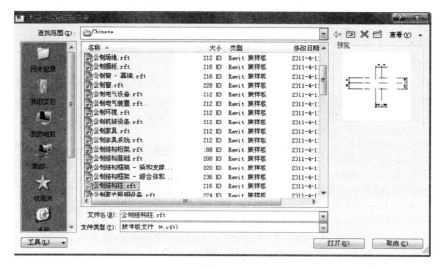

图 6-18

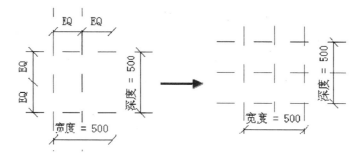

图 6-19

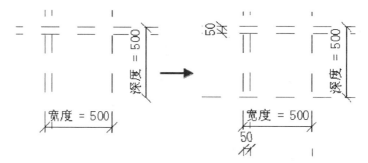

图 6-20

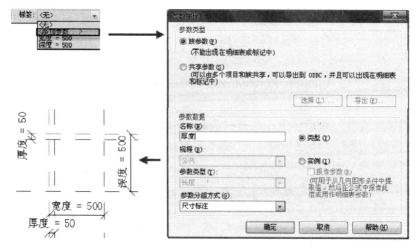

图 6-21

（3）绘制柱。进入"楼层平面">"低于参照标高"视图，单击"常用"选项卡>"形状"面板>"拉伸"命令🔳按钮，绘制拉伸轮廓，并与参照平面锁定，如图6-22所示，重复上一步操作。

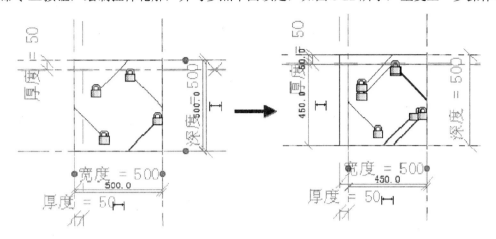

图 6-22

单击"修改"面板>🔲命令，修改绘制的草图，如图 6-23 所示，单击✔，完成拉伸绘制。

打开"前"视图，选中刚绘制的矩形形体，拉伸上部并与"高于参照标高"锁定，拉伸下部并与"低于参照标高"锁定，如图6-24所示。

（4）添加材质参数。进入三维视图，选中柱子，打开"属性"面板，单击"材质"后的🔲，在弹出的"关联族参数"对话框中单击"添加参数"，在弹出的"参数属性"对话框中，在"名称"栏输入"柱子材质"，单击两次"确定"，如图 6-25 所示，完成材质参数的添加。

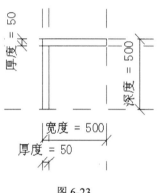

图 6-23

到此L形柱族创建完成（见图6-26）可载入项目中进行测试。具体项目中还会用到矩形柱、圆柱、工字钢柱等，其创建方法与L形柱相同，只是绘制拉伸轮廓不同而已，这里不再作说明。

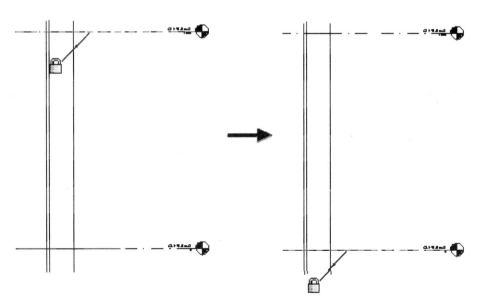

图 6-24

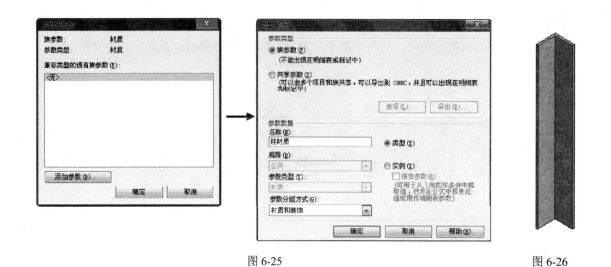

图 6-25   图 6-26

6.3 创建结构梁

创建步骤如下。

（1）选择样板文件。单击 Autodesk Revit Structure 2012 界面左上角的"应用程序菜单"按钮>"新建">"族"。

在"新族-选择样板文件"对话框中，选择"公制结构框架-梁和支撑.rft"，单击"打开"，如图 6-27 所示。

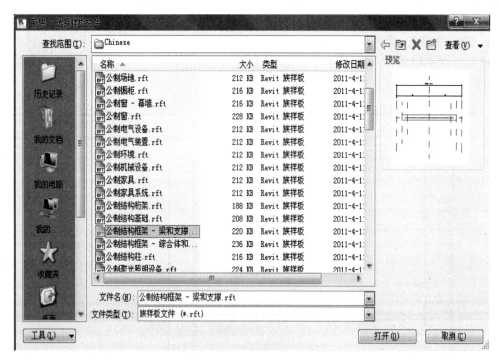

图 6-27

（2）修改原有样板。删除在梁中心的线和两条参照平面。

（3）修改可见性。选中用"拉伸"命令创建的梁形体，单击"拉伸|修改"上下文选项卡>"设置"面板>"可见性设置"命令，在弹出的"族图元可见性设置"对话框中，勾选"粗略"，单击"确定"，如图 6-28 所示。

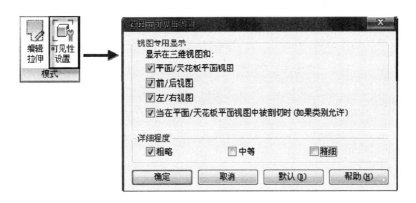

图 6-28

此时梁形体为黑色显示，而不再是灰色，如图 6-29 所示。

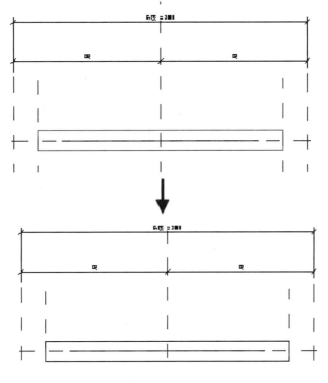

图 6-29

（4）修改拉伸。进入立面"右"视图，选中拉伸形体，单击"修改|拉伸"上下文选项卡>"模式"面板>"编辑拉伸"命令，进入拉伸绘图模式，修改拉伸轮廓，如图 6-30 所示。

等分参照平面。单击"注释"选项卡>"尺寸标注"面板>"对齐"命令，标注参照平面，在连续标注的情况下会出现 EQ 符号，单击 EQ，切换成 EQ（EQ 为距离等分符号），使三个参照平面间距相等。接着为草图添加尺寸标注，并将草图与参照平面锁定，如图 6-31 所示。

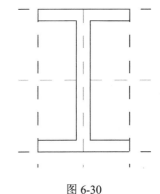

图 6-30

选中刚放置的"30"尺寸标注，单击"标签">"添加参数"，弹出"参数属性"对话框，在"名称"栏输入"梁中宽度"，选择"实例"◉实例(I)，如图 6-32 所示，单击"确定"。

并用相同方法添加其他参数，如图 6-33 所示，单击 ✔ 完成拉伸。

155

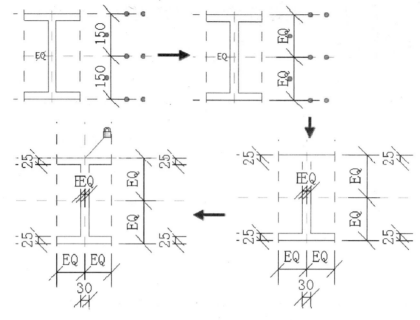

图 6-31

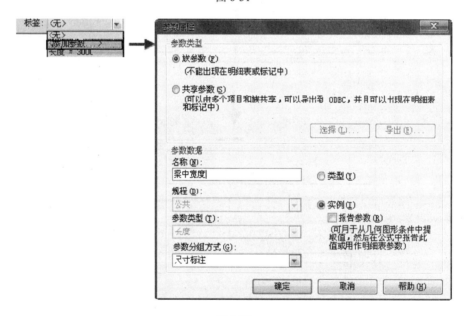

图 6-32

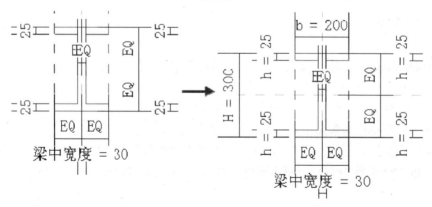

图 6-33

（5）添加材质参数。进入三维视图，选中绘制的梁，打开"属性"面板，单击"材质"后的 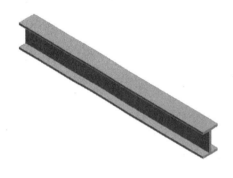，在弹出的"关联族参数"对话框中单击"添加参数"，在弹出的"参数属性"对话框中，在"材质"，单击两次"确定"。如图 6-34 所示，完成材质参数的添加。

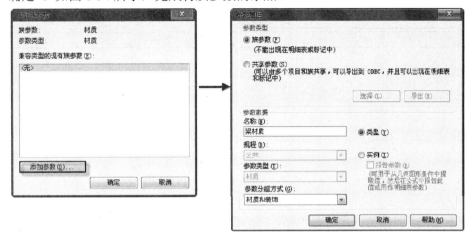

图 6-34

到此工字梁族绘制完成，如图 6-35 所示，可载入项目中进行测试。

6.4 创建桁架

桁架是由直杆组成的一般具有三角形单元的平面或空间结构，主要承受轴向力的直杆在相应的节点上连接成几何不变的格构式承重结构。常用的有钢桁架、钢筋混凝土桁架、预应力混凝土桁架、木桁架、钢与木组合桁架、钢与混凝土组合桁架。桁架按外形分有三角形桁架、梯形桁架、多边形桁架、平行弦桁架及空腹桁架。

图 6-35

创建步骤如下。

（1）选择样板文件。单击 Autodesk Revit Structure 2012 界面左上角的"应用程序菜单"按钮>"新建">"族"。

在"新族-选择样板文件"对话框中，选择"公制结构桁架.rft"，单击"打开"，如图 6-36 所示。

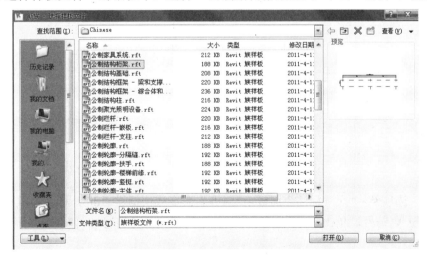

图 6-36

（2）绘制上弦杆。单击"常用"选项卡>"详图"面板>"上弦杆"命令，绘制上弦杆，把绘制杆件时出现的锁锁定，此时的锁是把上弦杆和参照面锁定，锁定后杆件才会和参照面连动，如图 6-37 所示。

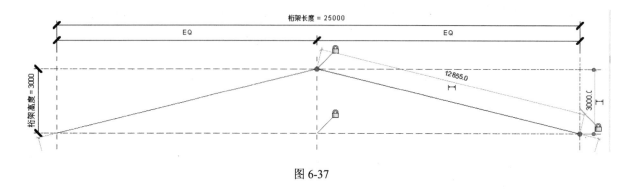

图 6-37

（3）绘制下弦杆。同样的方式单击"常用"选项卡>"详图"面板>"下弦杆"命令，绘制下弦杆，同时把下弦杆和下面的参照面锁定，如图 6-38 所示。

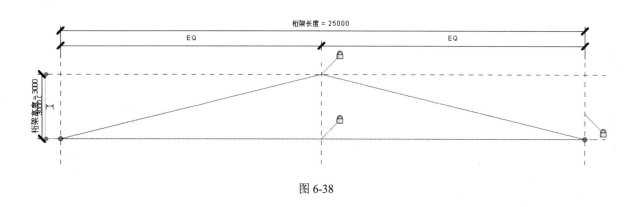

图 6-38

（4）绘制腹杆。首先要绘制参照平面 单击"常用"选项卡>"基准"面板下>"参照平面"命令，绘制参照平面，参照面的具体定位不重要，如图 6-39 所示。

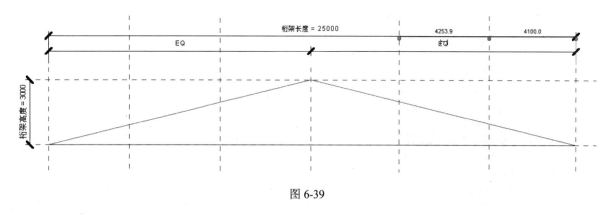

图 6-39

单击"注释"选项卡>"尺寸标注"面板>"对齐"命令或快捷键"di"，标注参照平面，在连续标注的情况下会出现 ⬚⬚ 符号，单击 ⬚⬚，切换成 EQ（EQ 为距离等分符号），使四个参照平面间距相等，如图 6-40 所示。

依据参照平面绘制左侧腹杆，单击"腹杆"绘制左侧腹杆，如图 6-41 所示。

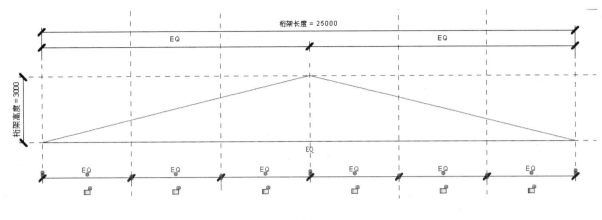

图 6-40

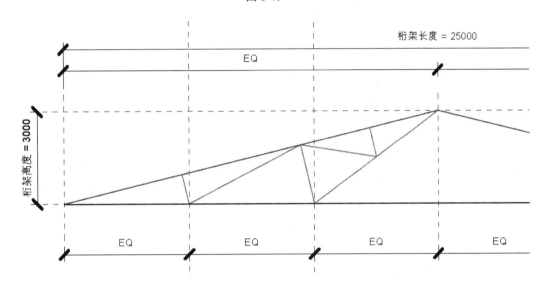

图 6-41

单击"注释"选项卡>"尺寸标注"面板>"对齐"命令,按 Tab 键切换,单击选中三个交点对三个交点进行标注定位,单击 EQ,切换成 EQ,如图 6-42 所示。

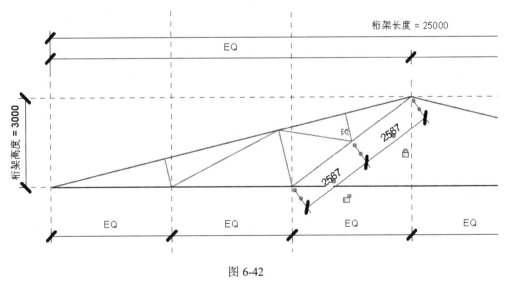

图 6-42

用相同方法绘制右侧腹杆,如图 6-43 所示。

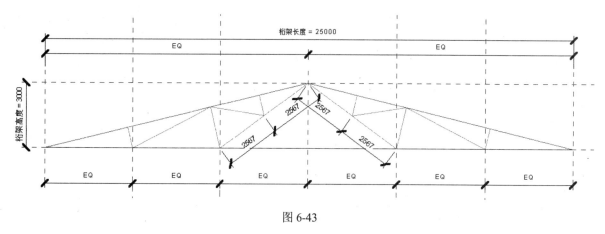

图 6-43

（5）载入项目中测试。将创建好的族另存为"桁架"，单击"族编辑器">"载入到项目中"命令，将创建好的桁架族载入项目中。在项目中单击"结构"选项卡>"结构"面板>"桁架"命令，绘制桁架，在三维视图中观察绘制效果，如图 6-44 所示，测试完成。

6.5 创建结构连接件

结构连接件是结构设计中的重要一环，在 Autodesk Revit Structure 2012 中，可以实现钢结构梁柱连接、钢结构柱脚连接、螺栓、地脚螺栓、混凝土牛腿等结构连接件的建模。本章节主要以螺栓来详细介绍结构连接件族文件的创建过程及应用技巧。

螺栓由头部和螺杆（带有外螺纹的圆柱体）两部分组成的一类紧固件，需与螺母配合，用于紧固连接两个带有通孔的零件，这种连接形式称螺栓连接。如把螺母从螺栓上旋下，又可以使这两个零件分开，故螺栓连接是属于可拆卸连接。

创建步骤如下。

（1）选择样板文件。单击 Autodesk Revit Structure 2012 界面左上角的"应用程序菜单"按钮>"新建">"族"。

在"新族-选择样板文件"对话框中，选择"公制常规模型.rft"，单击"打开"，如图 6-45 所示。

图 6-45

图 6-44

（2）设置族类别。在族编辑器中单击"族类别和族参数"按钮，打开"族类型和族参数"对话框，在"族类别"中将"常规模型"改为"结构连接"，并且勾选"族参数"中的共享，将螺栓文件设置成共享，将"结构材质类型"设为"钢"，如图 6-46 所示，单击"确定"。

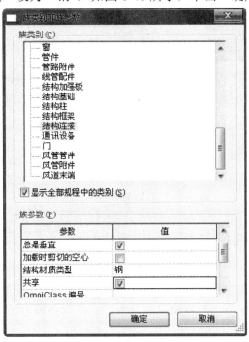

图 6-46

（3）创建螺杆。单击"常用"选项卡>"形状"面板>"拉伸"命令按钮，绘制图形，选中图形，在"属性"对话框，勾选"中心标记可见" | 中心标记可见 [✓] ，如图 6-47 所示。

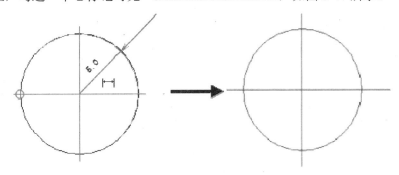

图 6-47

运用"对齐"命令将圆心标记与中心参照平面锁定，如图 6-48 所示。

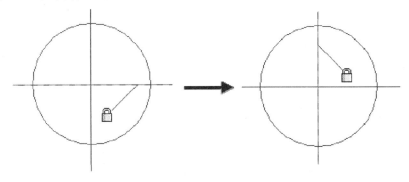

图 6-48

单击临时标柱下的 ⊢⊣，将临时尺寸标注变为永久尺寸标柱。选中尺寸标注，单击"标签">"添加参数"，弹出"参数属性"对话框，在"名称"栏输入"螺杆半径"，选择"实例" ◉实例(I)，单击"确定"（如图 6-49 所示），单击 ✔ 完成拉伸。

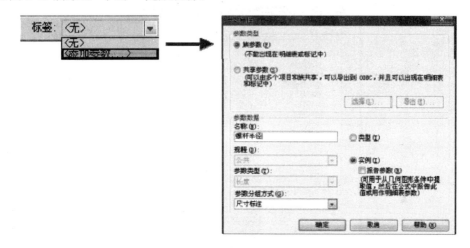

图 6-49

进入"前"立面视图，单击"常用"选项卡>"基准"面板>"参照平面"命令绘制如图参照平面，运用"对齐"命令将拉伸的两端分别与参照平面及参照标高对齐锁定，如图 6-50 所示。

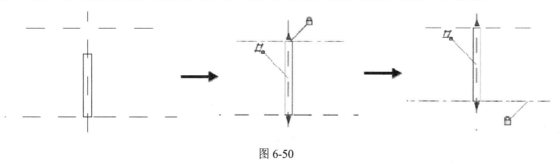

图 6-50

单击"注释"选项卡>"尺寸标注"面板>"对齐"命令，标注参照平面，并运用相同方法添加参数为"螺杆高度"，如图 6-51 所示。

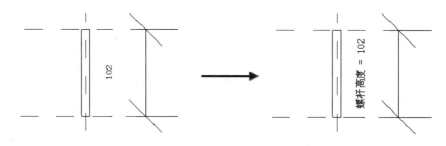

图 6-51

（4）创建螺母。进入"参照标高"视图，单击"常用"选项卡>"形状"面板>"拉伸"命令 按钮，绘制图形，并将圆心与中心参照平面对齐锁定。点击临时标柱下的 ⊢⊣，将临时尺寸标注变为永久尺寸标柱，并添加参数为"螺母半径"，如图 6-52 所示，单击 ✔ 完成拉伸。

进入"前"立面视图，单击"常用"选项卡>"基准"面板>"参照平面"命令，绘制如图参照平面，并将拉伸的两端分别与参照平面锁定，如图 6-53 所示。

运用相同方法再创建相同拉伸形体及参照平面，并锁定，如图 6-54 所示。

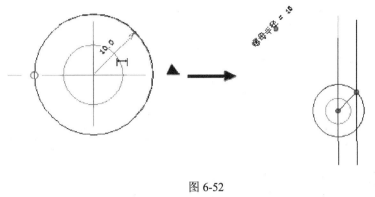

图 6-52

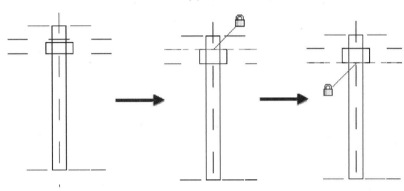

图 6-53

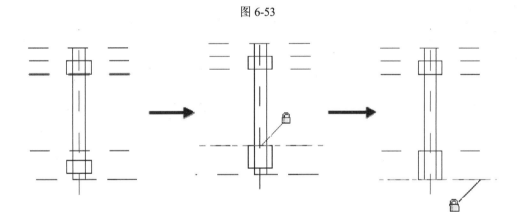

图 6-54

标注图形，并添加参数，如图 6-55 所示。

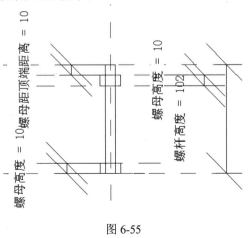

图 6-55

进入"参照标高"平面视图，单击"常用"选项卡>"形状"面板>"空心形状"命令下拉菜单>"空心拉伸"按钮，再单击"形状"面板![icon]命令，绘制图形，如图6-56所示，并添加参数，单击✔完成拉伸。

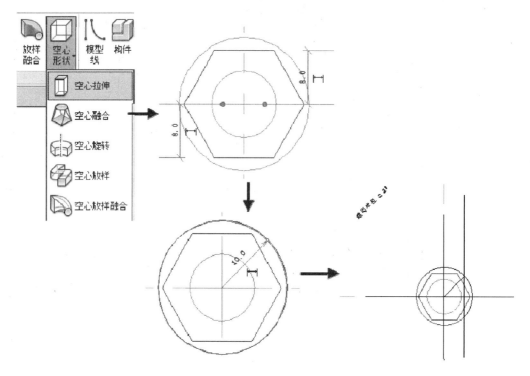

图 6-56

将空心拉伸的两端分别与参照平面对齐锁定，如图6-57所示。

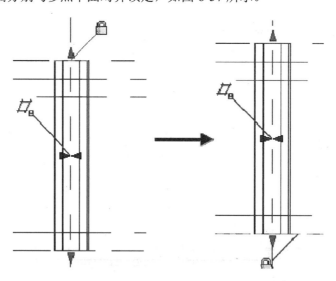

图 6-57

（5）创建垫圈。进入"参照标高"视图，进入"参照标高"视图，单击"常用"选项卡>"形状"面板>"拉伸"命令![icon]按钮，绘制图形，并将圆心与中心参照平面对齐锁定，并添加参数，如图 6-58所示。

选中拉伸图形，单击"镜像-绘制轴"命令![icon]，镜像出另一拉伸形体，如图6-59所示。

将拉升形体分别与参照平面锁定，并添加参数，如图6-60和图6-61所示。

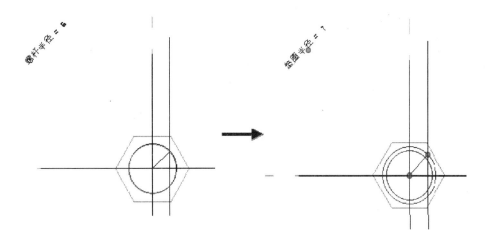

图 6-58

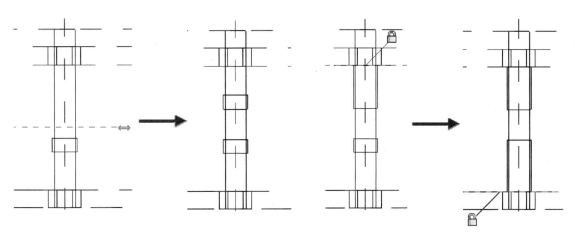

图 6-59   图 6-60

到此螺栓族绘制完成，如图 6-62 所示，可载入项目中进行测试。

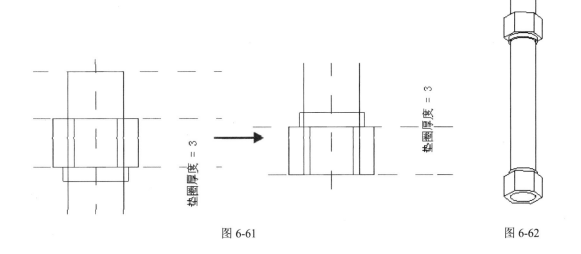

图 6-61   图 6-62

第7章 MEP族的创建

7.1 风管管件

1. 选择样板文件

打开样板文件，单击应用程序菜单按钮 ，单击"新建"侧拉菜单>"族"按钮。在弹出的"新族-选择样板文件"对话框中，双击打开"注释"文件夹，选择"公制常规模型.rft"样板文件，单击"打开"按钮，如图7-1所示。

图 7-1

2. 修改族类别

单击"常用"/"修改">"属性"面板>"族类别与族参数"按钮 ，在族类别中选择"风管管件"，"部件类型"修改为"T形三通"如图7-2所示。

图 7-2

3. 创建风管管件及添加参数

（1）创建风管。进入前立面视图，单击"视图"选项卡>"图形"面板>"可见性/图形"按钮，在弹出的对话框中，单击"注释类别"选项卡，勾选掉"标高"，避免在进行编辑时对锁定造成影响，如图 7-3 所示。

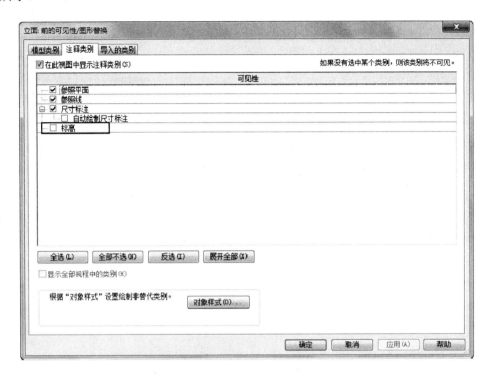

图 7-3

进入参照标高平面视图，绘制（见图 7-4）参照平面。

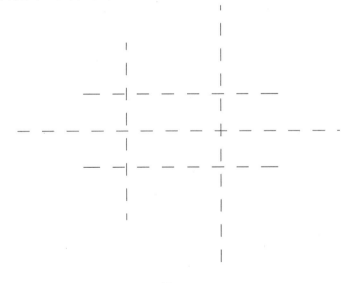

图 7-4

单击"常用"选项卡>"形状"面板>"拉伸"按钮，绘制矩形轮廓并与参照平面锁定，修改拉伸终点为 400，如图 7-5 所示。单击"完成"按钮 ✔ 完成拉伸。

对刚刚绘制的参照平面进行尺寸标注及均分，利用对齐命令将拉伸实体轮廓分别与参照平面锁定，如图 7-6 所示。

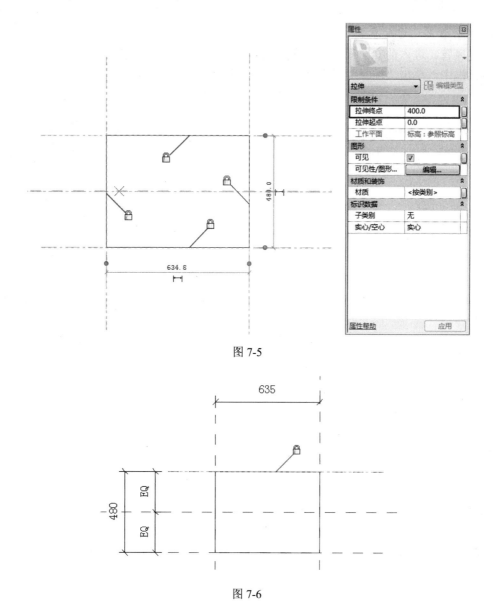

图 7-5

图 7-6

选择刚刚添加的标注，单击选项栏中的"标签"下拉箭头的"添加参数"。在弹出的"参数属性"对话框进行设置，如图 7-7 所示。

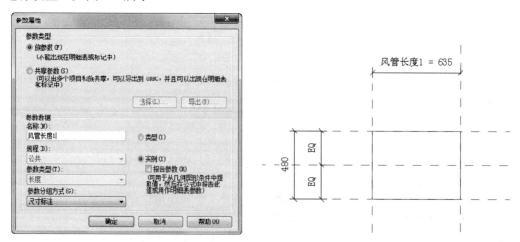

图 7-7

同理，添加"风管宽度 1"参数，如图 7-8 所示。

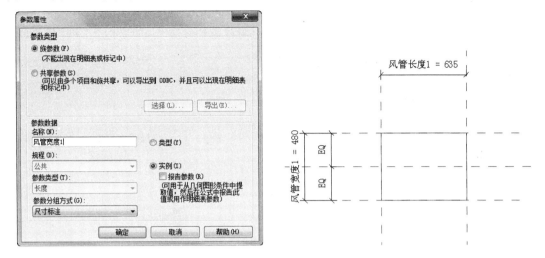

图 7-8

进入前立面视图，绘制如图所示参照平面，进行尺寸标注和均分，并对持尺寸标注添加参数。将拉伸几何图形的轮廓与所绘制的参照平面锁定，如图 7-9 所示。

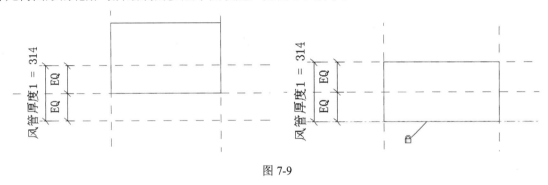

图 7-9

风管创建完成。

（2）创建风管弯头。进入参照标高平面视图，单击"常用"选项卡>"形状"面板>"放样"按钮。选择"绘制路径" 绘制路径。首先绘制参照平面，添加尺寸标注，并为尺寸标注添加参数"L"、"肩部长度"，如图 7-10 所示。

单击"圆心-端点弧"绘制路径，绘制完成后，单击"注释"选项卡>"尺寸标注"面板>"径向"按钮，为所绘制的弧形轮廓添加标注，并添加尺寸参数"R"，如图 7-11 所示。单击"完成"按钮完成路径绘制。

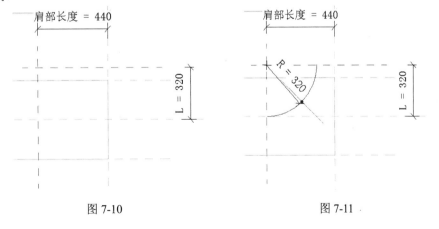

图 7-10   图 7-11

单击"绘制轮廓"按钮  编辑轮廓，在弹出的对话框中选择"三维视图"，进入三维视图，如图7-12所示。

绘制矩形轮廓，对轮廓进行尺寸标注和均分，为尺寸标注添加参数"风管宽度2"和"风管厚度2"，如图7-13所示。单击两次"完成"按钮 ✔，完成放样。

图 7-12

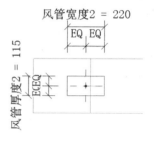

图 7-13

单击"常用"/"修改"选项卡>"属性"面板>"族类型"按钮 🖳，在弹出的"族类型"对话框中添加公式，如图7-14所示。

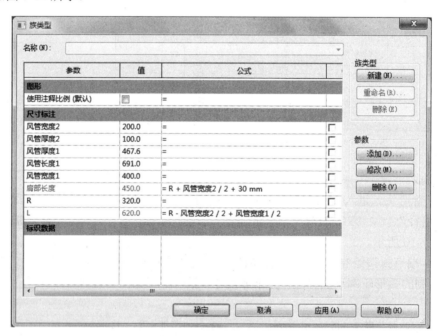

图 7-14

风管弯头创建完成。

（3）创建风管接头。进入右立面视图，单击"常用"选项卡>"形状"面板>"融合"按钮 🏗，按照主管轮廓绘制矩形轮廓并与主管轮廓锁定，如图7-15所示。

单击"编辑顶部"按钮 🖳，绘制一个矩形轮廓，并对轮廓进行尺寸标注和均分，为尺寸标注添加参数，如图7-16所示。单击"完成"按钮 ✔ 完成融合。

进入前立面视图，绘制参照平面，添加尺寸标注及参数"变径长度"。将刚刚绘制的融合几何图形的顶部与参照平面锁定，如图7-17所示。

风管接头创建完成。

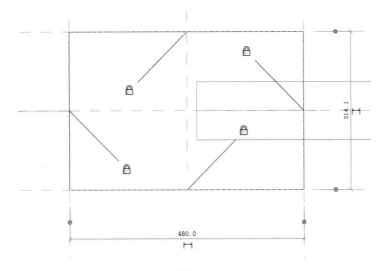

图 7-15

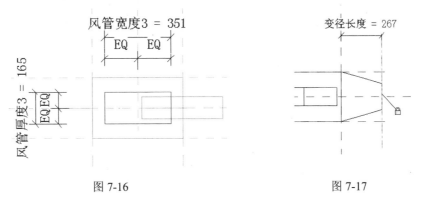

图 7-16   图 7-17

（4）整理参数。单击"常用"／"修改"选项卡>"属性"面板>"族类型"按钮，在弹出的"族类型"对话框中，为"变径长度"添加公式，如图 7-18 所示。

变径长度=if((1.5 * (风管宽度 1 - 风管宽度 3)) > (1.5 * (风管厚度 1 - 风管厚度 3)), (1.5 * (风管宽度 1 - 风管宽度 3＋1)), (1.5 * (风管厚度 1 - 风管厚度 3＋1)))。

注意： 在后面加上 1 是考虑到如果风管宽度 1 与风管宽度 3 相等时让其差值不为零。

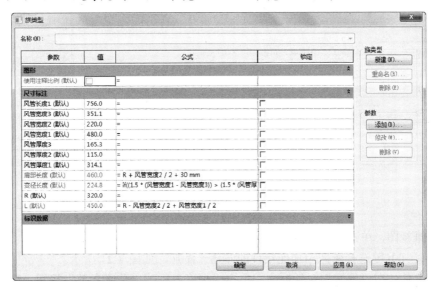

图 7-18

单击"添加"按钮，在弹出对话框按照图 7-19 设置，将 n 的值设为 1，设这个 n 参数是为个给后面弧形风管半径增加一个曲率参数，方便调节弧度的大小。

图 7-19

为参数"R"编辑公式"R=风管宽度 2*n"，如图 7-20 所示。

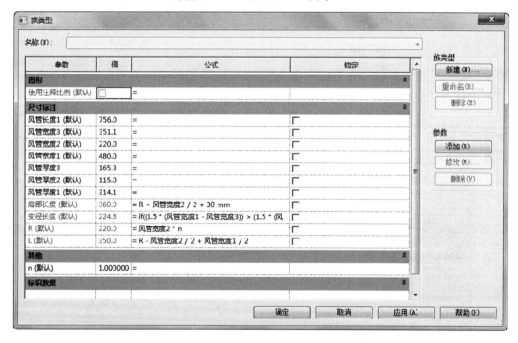

图 7-20

4. 添加连接件

进入默认三维视图，单击"常用"选项卡>"连接件"面板>"连接件"下拉菜单>"风管连接件"命令。利用 Tab 键选择所需添加连接件的面逐一添加，如图 7-21 所示。

选择主管连接件，在"属性"对话框中，单击"高度"后的"关联参数"按钮，将高度与"风管厚度 1"相关联，同理，将"宽度"与"风管宽度 1"相关联，如图 7-22 所示。

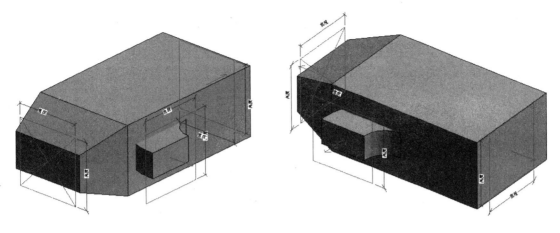

图 7-21

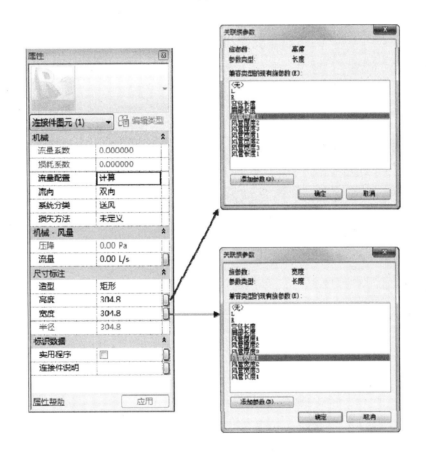

图 7-22

同理，将其他两个连接件也分别与风管参数相关联。

5. 创建平面表达

进入参照标高平面视图，单击"注释"选项卡>"详图"面板>"符号线"命令，用"拾取"命令将风管外轮廓描绘一遍，并与外轮廓锁定，将符号线剪切成为完整轮廓，如图 7-23 所示。

6. 载入项目中测试

将族另存为"M_矩形风管三通-弧接"，单击功能区中"载入到项目中"按钮。

在项目中绘制一根主风管，再单击"常用"选项卡"HVAC"面板下的"风管管件"命令，选择刚刚载入的族，添加到项目中，如果管径跟着主风管的尺寸变化，表明族基本没问题。修改一些参数进一步确认族是否有问题，修改三通实例属性中的"n"值，调整它的曲率半径，如果跟着变化表明族没问题，如图7-24所示。

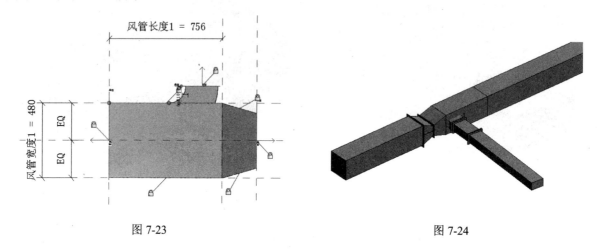

图 7-23   图 7-24

7.2 防火阀

1. 选择样板文件

打开样板文件，单击应用程序菜单按钮，单击"新建"侧拉菜单>"族"按钮。在弹出的"新族-选择样板文件"对话框中，双击打开"注释"文件夹，选择"公制常规模型.rft"样板文件，单击"打开"按钮，如图7-25所示。

图 7-25

2. 修改族类别

单击"常用"/"修改">"属性"面板>"族类别与族参数"按钮，在族类别中选择"管路附件"，"部件类型"修改为"插入"，如图7-26所示。

3. 创建及添加参数

进入前立面视图，单击"视图"选项卡>"图形"面板>"可见性/图形"按钮，在弹出的对话框中，单击"注释类别"选项卡，勾选掉"标高"，避免在进行编辑时对锁定造成影响，如图7-27所示。

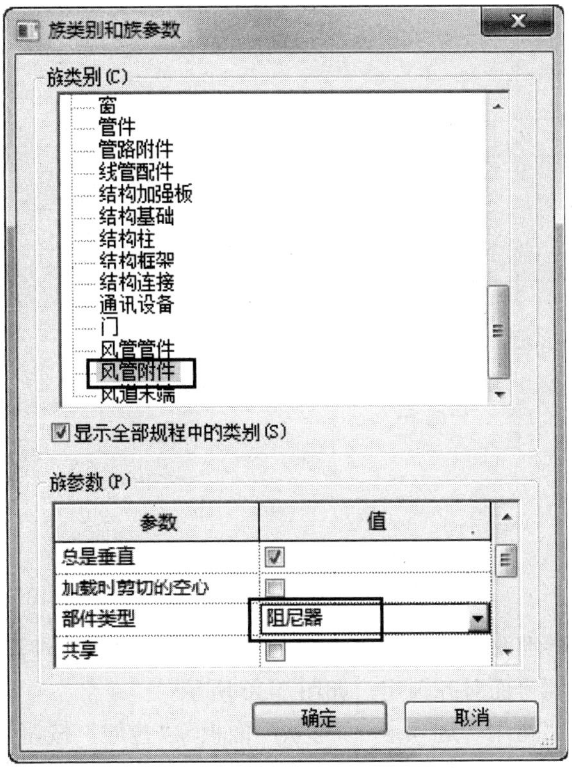

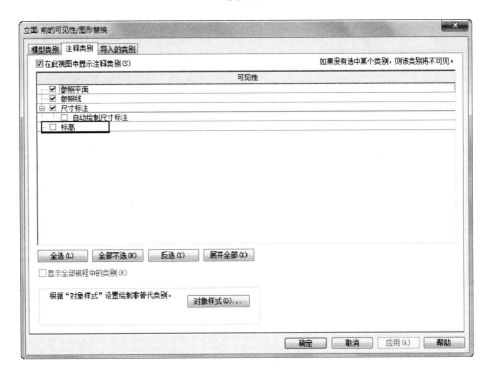

图 7-26

图 7-27

　　进入左立面视图，绘制参照平面，添加尺寸标注，为尺寸标注添加参数（实例参数），如图 7-28 所示。

　　单击"常用"选项卡>"形状"面板>"拉伸"按钮，绘制矩形轮廓并与参照平面锁定，如图 7-29 所示。单击"完成"按钮 ✔ 完成拉伸。

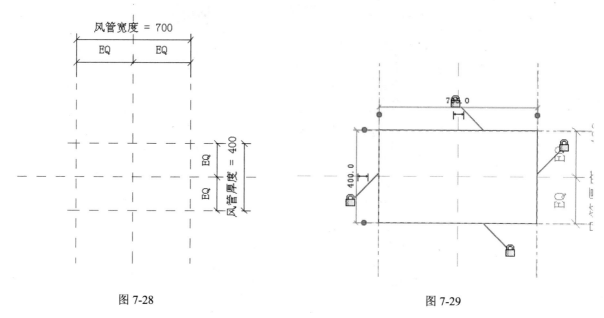

图 7-28   图 7-29

进入前立面视图，绘制参照平面，添加尺寸标注和均分，为尺寸标注添加实例参数"L"，将拉伸几何图形左右两端分别于参照平面对齐锁定，如图 7-30 所示。

在前立面视图中，单击"常用"选项卡>"形状"面板>"拉伸"按钮，绘制矩形轮廓，添加尺寸标注和均分，为尺寸标注定义实例参数，如图 7-31 所示。单击"完成"按钮✔完成拉伸。

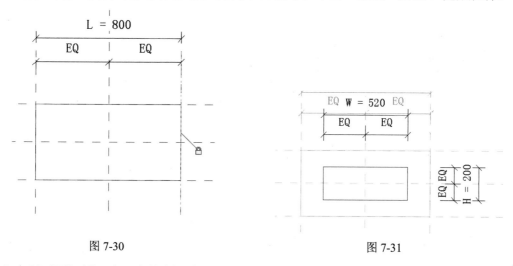

图 7-30   图 7-31

进入参照平面视图，在下方绘制一条参照平面，添加尺寸标注，为尺寸标注定义实例参数。将刚刚绘制的实体拉伸几何图形与参照平面锁定，如图 7-32 所示。

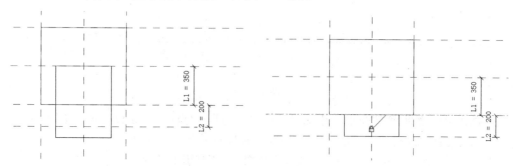

图 7-32

单击"常用"/"修改"选项卡>"属性"面板>"族类型"按钮🔲，在弹出的"族类型"对话框中为参数"L1"添加公式"L1=风管宽度/2"，如图7-33所示。

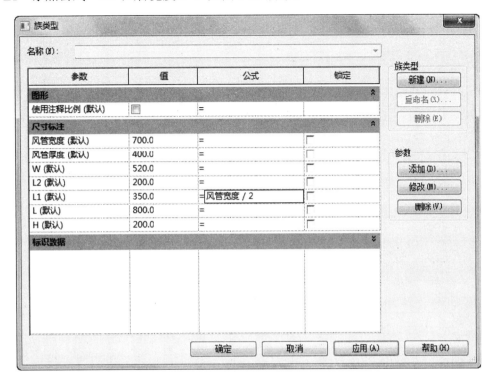

图7-33

进入左立面视图，单击"常用"选项卡>"形状"面板>"拉伸"按钮🔲，绘制矩形轮廓，添加尺寸标注和均分，为尺寸标注定义实例参数，如图7-34所示。单击"完成"按钮✔完成拉伸。

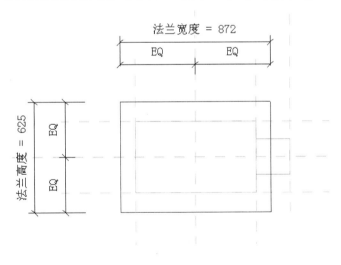

图7-34

进入前立面视图，在右侧绘制一条参照平面，添加尺寸标注，为尺寸标注定义实例参数。将刚刚绘制的实体拉伸几何图形与参照平面锁定，如图7-35所示。

选定刚刚绘制的参照平面与法兰，单击"修改|选择多个"选项卡>"修改"面板>"镜像-拾取轴"按钮🔲，拾取"中心（左/右）"参照平面，完成镜像命令，如图7-36所示。

为右侧的参照平面添加尺寸标注并定义参数，将右侧法兰与参照平面锁定，如图7-37所示。

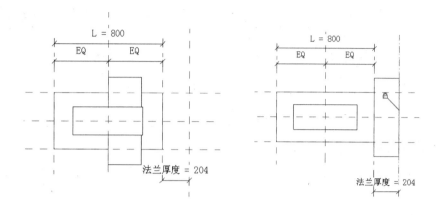

图 7-35

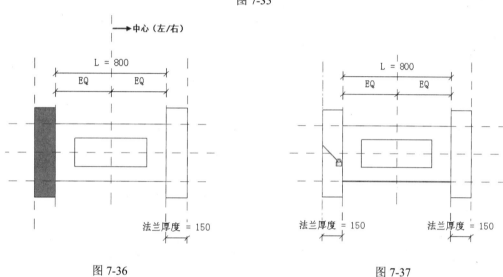

图 7-36   图 7-37

单击"常用"/"修改"选项卡>"属性"面板>"族类型"按钮 ，在弹出的"族类型"对话框中为参数，在"法兰高度"后的公式中编辑公式"风管厚度+150"，同理在"法兰宽度"后的公式中编辑公式"风管宽度+150"，如图 7-38 所示。

图 7-38

4. 添加连接件

进入默认三维视图，单击"常用"选项卡>"连接件"面板>"连接件"下拉菜单>"风管连接件"命令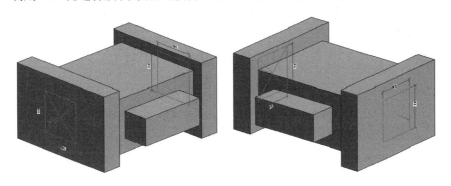。利用 Tab 键选择所需添加连接件的面逐一添加，如图 7-39 所示。

图 7-39

选择两个风管连接件，在"属性"对话框中，单击"高度"后的"关联参数"按钮，将高度与"风管厚度"相关联，同理，将"宽度"与"风管宽度"相关联，如图 7-40 所示。

图 7-40

5. 载入项目中测试

将族另存为"BM_矩形防火阀"，单击功能区中"载入到项目中"按钮。

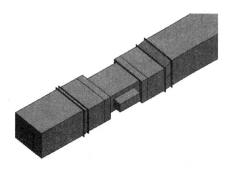

在项目中绘制一根主风管，再单击"常用"选项卡"HVAC"面板下的"风管管件"命令，选择刚刚载入的族，添加到项目中，如果管径跟着主风管的尺寸变化，表明族基本没问题。修改一些参数进一步确认族是否有问题，如图7-41所示。

图7-41

7.3 照明设备

1. 选择样板文件

打开样板文件，单击应用程序菜单按钮，单击"新建"侧拉菜单>"族"按钮。在弹出的"新建-选择样板文件"对话框中，选择"公制照明设备.rft"样板文件，单击"打开"按钮，如图7-42所示。

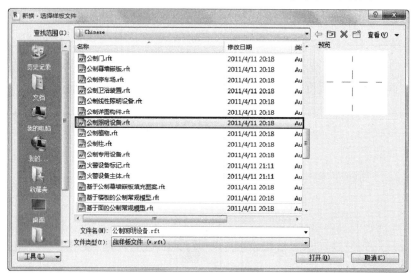

图7-42

2. 定义光源

进入参照平面视图，选定光源，单击属性面板中的"编辑"按钮 ▭ 编辑... ▭ 或者功能区的"定义光源"按钮，进入"光源定义"对话框（见图7-43），根据需要对光源进行定义。

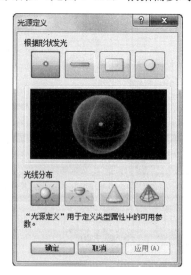

图7-43

3. 绘制灯具

进入前立面视图，在现有的两条参照平面之间添加尺寸标注并定义参数，如图 7-44 所示。

将光源与"光源高度"参照平面锁定，如图 7-45 所示。

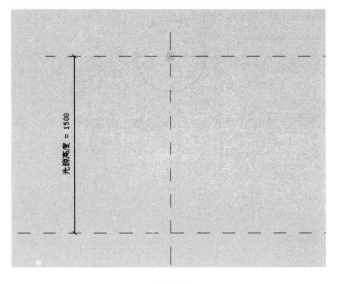

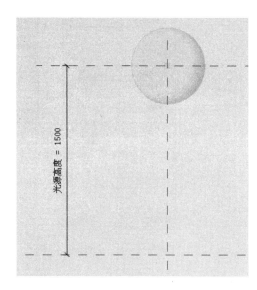

图 7-44 图 7-45

单击"常用"选项卡>"形状"面板>"旋转"按钮，单击"轴线"，用拾取命令拾取"光源轴（L/R）"并锁定，如图 7-46 所示。

绘制见图 7-47 所示的轮廓。

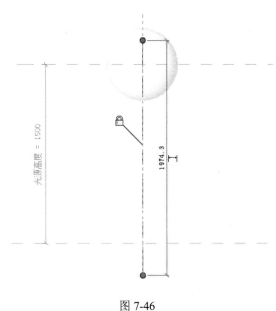

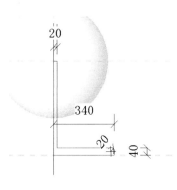

图 7-46 图 7-47

在属性对话框中定义材质参数，如图 7-48 所示。

单击"完成"按钮 ✔ 完成旋转。

在前立面视图中，单击"常用"选项卡>"形状"面板>"旋转"按钮，单击"轴线"，用拾取命令拾取"光源轴（L/R）"并锁定，绘制如图 7-49 所示轮廓。定义材质参数"灯罩材质"。

单击"常用"/"修改"选项卡>"属性"面板>"族类型"按钮，在弹出的"族类型"对话框中为灯座与灯罩指定材质，如图 7-50 所示。

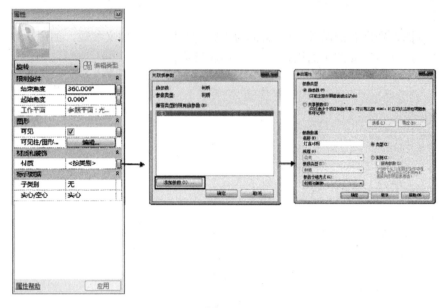

图 7-48

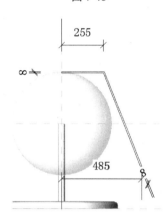

图 7-49

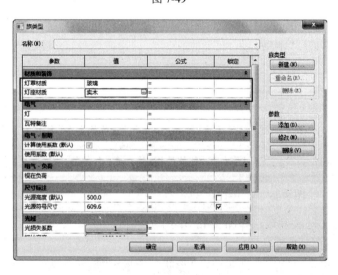

图 7-50

4. 载入项目中

将族另存为"台灯",单击功能区中"载入到项目中"按钮，在项目中放置灯具。